Matemática Financeira

Manual simplificado para aprender e recordar

Cacildo Marques

ISBN: **979-8743333622**

Cover: Abstract art

Episteme Ed

Marques, Cacildo

Matemática Financeira: Manual simplificado para aprender e recordar./ Maryland, 2021.

156p.

ISBN: **979-8743333622**

1. Matemática. 2. Matemática Financeira. I. Title

DDC 519.5

Matemática Financeira

Manual simplificado para aprender e recordar

Cacildo Marques

CONTENTS

Prefácio

Palavras de desmistificação e incentivo

Os programas curriculares do ensino básico não costumam abordar de modo funciolnal o tema da Matemática Financeira. Nos Estados Unidos há a preocupação com o capítulo sobre anuidades (pagamentos periódicos), mas poucos outros países reproduzem essa ideia.

Na maioria dos países, o capítulo chamado Matemática Financeira nos livros de Matemática trata apenas de juros. E ainda há os casos dos currículos que, ao tratar de juros no ensino fundamental II (liceu júnior), apresenta apenas a ideia de juros simples, sem falar dos juros compostos. Essa prática deixa uma lacuna danosa no preparo dos alunos, pois sempre que se falar em juros, deve-se pensar, primeiramente, em juros compostos, não nos simples, raramente usados no mercado.

Este livro procura destina-se a servir como material didático para acompanhamento dos cursos universitários, sem complicações, mas também a aprofundar os pontos mais importantes da Matemática Financeira para as pessoas formadas no ensino médio, ou mesmo as de ensino fundamental completo, já que não lança mão de recursos de Matemática Superior.

Além de não ser este um conteúdo difícil, ele é de grande utilidade, para profissionais da área e para o cidadão em geral.

Fazer exercícios, muitos exercícios, é o segredo do aprendizado de qualquer assunto que envolva Aritmética, Geometria e Álgebra. Assim, para quem quer aprender, mãos à obra!

Cacildo Marques, S. Paulo, Abril de 2021.

x

Capítulo 0 – Números racionais e progressões

Este primeiro capítulo é muito básico. Quem estiver habilitado em contas de *percentagem* (ou *porcentagem*, pela influência hispânica), soma algébrica, expressões aritméticas e numerais fracionários, e no significado destes conceitos, pode virar as páginas e estudar diretamente o capítulo seguinte. O convite para pular é dirigido aos que têm muita pressa, porque a Matemática é uma diversão, sendo seus exercícios jogos de entretenimento, e aqueles que estudam todos os tópicos só têm a ganhar.

Sempre que possível aqui, os exemplos e exercícios recorrem a situações da Geometria, que é a parte visual da Matemática.

Inteiros relativos

Levando em conta que o estudante está muito familiarizado com números naturais, iniciamos com uma recordação dos números inteiros relativos em suas operações básicas de adição, multiplicação e divisão.

Se dizemos que a temperatura está 3 graus abaixo de zero, estamos considerando que ela está em 3 graus negativos, ou -3 graus. Na reta numérica com os números 0, 1, 2, 3, e assim por diante, os números inteiros negativos são os que ocupam posições simétricas àqueles.

-3 -2 -1 0 +1 +2 +3 +4...

Se efetuarmos (-3) + (+3), soma de -3 e +3, o resultado é 0, pois eles são simétricos, isto é, estão à mesma distância do zero na reta. Se nossa operação é de adição, representada pelo sinal "+" entre os parênteses, basta fazer a conta com os valores que estão nos parênteses, como é o caso aí de -3 e +3, em que descontamos 3 de +3. Se temos vários parênteses na operação, a técnica mais conveniente é juntar os valores de sinal "+" num parêntesis e os de sinal "-" em outro, para finalmente fazer a conta com esses dois.

Assim, $(-7) + (+2) + (-5) + (-1) + (+9) + (+4) = (+15) + (-13) = +2$.

Tanto faz somar $(+15) + (-13)$ como $(-13) + (+15)$. Se o negativo está antes, é só efetuar a conta de trás para frente.

Se a operação indicada pelo sinal entre os parênteses é de subtração, sinal "-", o processo mais simples é transformar a conta em adição. Por exemplo, $(+8) - (+3)$ é o mesmo que $(+8) + (-3)$, e isto dá resultado +5. O que fizemos foi trocar a posição dos sinais antes e depois da abertura do parêntesis do +3, pois o valor -(+3) é o mesmo que +(-3), isto é, o simétrico de +3 é o mesmo que o sinal positivo aplicado a -3.

E se tivermos -(-5)? Ora, o simétrico de -5 é o valor de posição oposta na reta, +5. Portanto, $-(-5) = +(+5)$.

Efetuar $(+6) - (-7)$ é o mesmo que fazer $(+6) + (+7) = +13$.

Tomando o número 1 como referência, vemos que $-(+1) = +(-1) = -1$. E agora sabemos também que $-(-1) = +(+1) = +1$.

Podemos agora eliminar os parênteses de todas essas operações de adição e subtração.

Para fazer $(-3) + (-4) + (-2) - (-4) + (-8) + (-1) - (-6)$, escrevemos a expressão como:

$$-3 - 4 - 2 + 4 - 8 - 1 + 6 = +10 - 18 = -8.$$

A operação que fizemos chama-se *soma algébrica*, em que operações de adição e subtração são tratadas da mesma maneira, como soma de números relativos. (Se na soma algébrica um número começa sem seu sinal precedente, este sinal é positivo.)

Nos exercícios a seguir, começados com P, de proposto, o primeiro item será sempre um exemplo, e os itens seguintes ficam para o leitor resolver. A recomendação é que as contas sejam feitas no lápis, deixando-se a calculadora para uso em tópicos avançados, que veremos mais à frente, como os que envolvem potências e raízes não inteiras. Se nas contas simples usa-se a calculadora, ela é que está aprendendo.

Exercício **P0.01**
Obter o resultado de cada soma algébrica abaixo.
A) $4 - 2 + 7 - 8 + 3 - 10$.
Resolução:
$4 - 2 + 7 - 8 + 3 - 10 = 14 - 20 = -6$.
B) $- 2 - 4 - 6 + 1 - 12 + 7$. C) $8 - 1 + 4 + 5 + 3 - 9$. D) $- 5 - 4 - 7 - 3 + 6 + 2$. E) $7 + 2 + 8 - 6 - 2 - 4$.

Se quisermos multiplicar dois números relativos, a "regra" de sinal é a mesma aplicada quanto ao simétrico. Por exemplo, $(+2)*(-3) = 2*(-3) = -6$. E se tivermos $(-1)*(-5)$? Isto pode ser escrito como $-1*(-5)$, ou ainda como $-(-5)$, uma vez que 1 é elemento neutro da multiplicação. Podemos entender também que $(-1)*(-5) = -(+1)*(-5) = -(-5) = +5$.

Tudo isso é para que nos convençamos de que $(-1)*(-1) = +1$ e de que $(+1)*(-1) = (-1)*(+1) = -1$. Se multiplicamos dois números de mesmo sinal, o resultado é positivo. Se multiplicamos números de sinais contrários, o resultado é negativo.

Menos "vezes" menos é mais; mais "vezes" menos é menos. Obs.: Convém nunca dizer "com" em lugar de "vezes" quando se trata de multiplicação.

Como veremos abaixo, a divisão é a multiplicação pelo valor inverso do número. Então a "regra" de sinais da divisão é a mesma da multiplicação. Assim, $(-12):(-3) = +4$.

Exercício **P0.02**
Efetuar as operações abaixo.
A) $(-7)*(-3)$.
Resolução:

$(-7)*(-3) = +21.$

B) $(-4)*(-8)$. C) $(+3)*(-5)$. D) $(-8)*(-2)$. E) $(-4)*(+7)$. F) $(-15):(+3)$.

Frações

Os números racionais são todos os valores n/p, com **n** inteiro e **p** inteiro não nulo. Eles podem ser representados na forma de fração, como em 4/5, ou na forma de numeral decimal, como em 0,8.

Um número representado como numeral decimal pode um decimal exato, como 1,35, uma dízima periódica, como 2,4444..., ou um número irracional, que não tem como ser expresso em forma de fração, sendo este o caso do número 0,101001000100001..., do exemplo clássico de Richard Courant e Herbert Robbins.

Para representar uma fração na forma de numeral decimal, basta dividir o numerador **n** pelo denominador **p**. É o que foi feito com 4/5 acima. Dividindo-se 4 por 5 obtém-se 0,8.

Uma fração com numerador menor que seu denominador chama-se *fração própria*, como é o caso de 4/5, e o valor será sempre menor que 1. Se o numerador é maior que o denominador, como em 9/4, temos uma *fração imprópria*, que sempre tem valor maior que 1. Quando a divisão de numerador por denominador resulta em número inteiro, como em 8/2, que dá 4, temos uma *fração aparente*.

Quando uma fração que está simplificada tem no denominador apenas fatores dos números primos 2 e 5, como 4, 5, 8, 10, 16 e 20, a divisão de numerador por denominador produz um decimal exato. Noutros casos, o resultado será uma dízima periódica.

Uma fração está simplificada quando não há mais fator comum a ser cortado entre numerador e denominador, isto é, quando o máximo divisor comum (MDC) entre esses dois números é igual a 1. Na fração 8/14, o MDC entre os termos é

2, portanto, podemos fazer simplificação por 2:

$$\frac{8}{14} = \frac{8:2}{14:2} = \frac{4}{7}$$

No caso do fator 2, basta verificar que os dois termos são números pares, e então simplificar a fração.

Se vamos *somar* frações que têm o mesmo denominador, é necessário apenas somar os numeradores. Por exemplo, 1/8 + 5/8 = 6/8. (Esta fração depois de simplificada dá 3/4.)

|■|□|□|□|□|□|□|□|

|■|■|■|■|■|□|□|□|

Na maioria das situações, porém, as frações que temos de somar têm denominadores distintos. Então será necessário que apliquemos uma técnica que transforme essas frações em frações equivalentes, isto é, de mesmo valor, mas que tenham denominadores iguais.

Para obter uma *fração equivalente* a uma fração dada, basta que multipliquemos numerador e denominador por um mesmo inteiro não nulo. Por exemplo,

$$\frac{3}{4} = \frac{3*5}{4*5} = \frac{15}{20}$$

A fração 15/20 é equivalente à fração irredutível 3/4. (*Fração irredutível* é aquela que está simplificada, isto é, que tem MDC 1 entre seus termos.)

Se formos somar 7/5 + 3/4, a providência necessária é escrever isso como soma de frações de mesmo denominador. A fração 3/4 já sabemos que tem como equivalente 15/20. Para a fração 7/5 basta que multipliquemos numerador e denominador por 4:

$$\frac{7}{5} = \frac{7*4}{5*4} = \frac{28}{20}$$

Nossa soma será:

$$\frac{7}{5} + \frac{3}{4} = \frac{28}{20} + \frac{15}{20} = \frac{43}{20}$$

Como automatizar esse processo, o algoritmo que leva à soma de duas frações quaisquer? A má notícia é que são oito passos até chegar ao resultado. Algumas dessas etapas podem ser feitas mentalmente, mas nunca puladas.

A mais trabalhosa, e por isso mesmo gratificante, é a aplicação do múltiplo mínimo comum (MMC) - costumam dizer "mínimo múltiplo comum", mas a ideia principal é "múltiplo" -, para obter o igualamento dos denominadores. Sim, o denominador comum será o MMC dos denominadores das parcelas. Uma vez obtido esse MMC, procedemos à montagem das frações equivalentes, descobrindo os novos numeradores.

O método mais prático de obtenção do MMC é o da divisão pelos fatores primos, ou decomposição conjunta em fatores primos. Um *número primo* é o número natural que possui exatamente dois divisores distintos, sendo um deles o número 1, que é divisor de qualquer número. O número 4, por exemplo, não é primo, é *composto*, pois além dos divisores 1 e 4 tem também o divisor 2.

Para somar, por exemplo, $5/4 + 1/5$, temos de achar o MMC entre 4 e 5. Vamos fingir que ainda não sabemos quanto é. Dividiremos os valores sucessivamente pelos fatores primos 2, 3, 5, 7, 11, 13, 17, 19, e assim por diante, o que for possível, e quantas vezes for necessário.

Fazemos:

$$
\begin{array}{c|c}
4,5 & 2 \\
2,5 & 2 \\
1,5 & 5 \\
\hline
1,1 & 20
\end{array}
$$

Multiplicando de cima para baixo os fatores primos, teremos 2*2*5 = 20.

O denominador das frações será, portanto, mudado para 20.

Para achar os novos numeradores, basta descobrir o fator que leva o denominador antigo a esse valor de MMC. Para isso, simplesmente dividimos o MMC 20 pelos denominadores antigos, um por um.

$$
\frac{3}{4} + \frac{1}{5} = \frac{\cdots}{20} + \frac{\cdots}{20}
$$

Depois de dividir e achar esse fator, nós o multiplicaremos pelo numerador correspondente. O primeiro fator multiplicaremos por 3. O segundo, por 1. E preencheremos os espaços que ficaram em branco acima.

$$
\frac{3}{4} + \frac{1}{5} = \frac{15}{20} + \frac{4}{20} = \frac{19}{20}
$$

O que fizemos foi: 20 dividido por 4, que deu 5, e 5*3, que deu 15. Depois, 20 dividido por 5, que deu 4, e 4*1, que deu 4.

Os passos foram: (1) montar a conta, 3/4 + 1/5; (2) armar a chave de MMC com os denominadores; (3) fazer as divisões pelos fatores primos; (4) multiplicar os fatores resultantes para achar o MMC, que é o novo denominador; (5) dispor os novos denominadores nas frações; (6) dividir cada um pelo denominador antigo; (7) multiplicar o resultado pelo numerador correspondente, escrevendo-o em seguida em sua nova posição; (8) escrever a soma dos novos numeradores sobre o denominador comum, chegando ao resultado.

Se em lugar de duas frações tivermos de somar três ou mais, o caminho é o mesmo. Fazemos MMC de três ou mais denominadores e somamos as três ou mais frações resultantes, agora tendo denominadores iguais.

Se em lugar de frações apenas com sinal de adição tivermos também sinal de subtração, o caminho novamente é o mesmo, bastando diminuir quando aparecer o sinal "-".

Exercício **P0.03**
Efetuar as adições de frações abaixo.

A) $\dfrac{2}{3} + \dfrac{3}{4} - \dfrac{1}{2}$

Resolução:

MMC:

$$\begin{array}{ccc|c} 3, & 4, & 2 & 2 \\ 3, & 2, & 1 & 2 \\ 3, & 1, & 1 & 3 \\ 1, & 1, & 1 & 12 \end{array}$$

$$\frac{2}{3} + \frac{3}{4} - \frac{1}{2} = \frac{8}{12} + \frac{9}{12} - \frac{6}{12} = \frac{11}{12}$$

B) 2/5 + 1/3 + 3/4. C) 1/4 + 1/6 + 3/2. D) 2/3 + 1/7 + 3/4. E) 2/7 + 1/2 - 3/5. F) 3/5 + 1/2 - 1/4.

Multiplicar frações é operação bem mais simples que fazer adição, pois envolve muito menos passos que aqueles oito.

Para multiplicar duas frações, basta multiplicar seus numeradores, para obter o novo numerador, e seus denominadores, chegando ao novo denominador. O único "complicador" é que devemos sempre estar atentos às simplificações. Dentro da multiplicação, o numerador de uma fração pode ser simplificado com o denominador de outra, porque a multiplicação é comutativa. O mais conveniente é ir simplificando no meio do processo, não deixando isso para o fim da conta.

Para efetuar (3/2)*(5/7) basta fazer

$$\frac{3}{2} * \frac{5}{7} = \frac{15}{14}$$

Aqui não tínhamos simplificações a fazer.
Mas vamos efetuar agora (3/4)*(8/5).
"Cortando" 8 com 4, teremos:

$$\frac{3}{4} * \frac{8}{5} = \frac{3}{1} * \frac{2}{5} = \frac{6}{5}$$

E como dividir uma fração por outra? Como dissemos antes, divisão é multiplicação pelo inverso, isto é, pela fração inversa.

Assim, (a/b):(c/d) = (a/b)*(d/c).
Para efetuar (4/5):(3/7), fazemos:

$$\frac{4}{5} : \frac{3}{7} = \frac{4}{5} * \frac{7}{3} = \frac{28}{15}$$

Importante: como a prioridade da multiplicação e da divisão nas expressões numéricas é a mesma, vale a ordem em que essas operações aparecem nas contas.

Assim:

$$\frac{1}{3} : \frac{2}{5} * \frac{7}{3} = \frac{1}{3} * \frac{5}{2} * \frac{7}{3} = \frac{35}{18}$$

Exercício **P0.04**

Descobrir o resultado das operações abaixo.

A) $\dfrac{3}{4} * \dfrac{4}{5} : \dfrac{3}{10}$

Resolução:

$$\frac{3}{4} * \frac{4}{5} : \frac{3}{10} = \frac{3}{4} * \frac{4}{5} * \frac{10}{3} = \frac{1}{1} * \frac{1}{1} * \frac{2}{1} = \frac{2}{1} = 2$$

B) (3/2)*(1/4)*(3/7). C) (1/3)*(4/3):(5/3). D) (3/8)*(4/7): (5/3). E) (3/7)*(5/6)*(7/10). F) (1/4):(7/9).

Damos o nome de *fração decimal* à fração cujo denominador é uma potência de 10, isto é, um número como 10, 100, 1000, 10000, e assim por diante. Os números 3/10, 157/100 e 21/1000 são frações decimais.

As frações decimais são facilmente transformáveis em numerais decimais, que são os numerais com vírgula. Para isso, basta contar a quantidade de zeros após o 1, no denominador. Esta quantidade será o número de casas após a vírgula. Assim, em 21/1000, temos três zeros. Como 21 tem apenas dois algarismos, completamos com zeros à esquerda: 21/1000 = 0,021.

O número 157/100 escreve-se:

$$\frac{157}{100} = 1{,}57.$$

Para voltar, de numeral decimal para forma fracionária, basta contar as casas após a vírgula: cada uma será um zero após o algarismo 1 do denominador.

Assim:

$$0,13 = \frac{13}{100} \; ; \; 14,9 = \frac{149}{10} \; ; \; 0,007 = \frac{7}{1000} \; .$$

Para somar dois números escritos com vírgula não é necessário, como na subtração, completar com zeros as casas à direita para igualar sua quantidade, mas é conveniente fazê-lo.

Somar 3,46 e 16,452 significa fazer: 3,460+16,452. Para armar a conta, devemos escrever vírgula sob vírgula. Nosso resultado será 19,912.

Para subtrair devemos sempre igualar a quantidade de casas após a vírgula, dispondo depois vírgula sob vírgula na hora de armar a conta. Assim, 12,4 − 7,513 exige que escrevamos 12,400 − 7,513. Fazendo empréstimo de 1, como aprendemos no primeiro ano, nossa operação resulta em 4,887.

Quando vamos *multiplicar dois números com vírgula*, não temos necessidade de dispor vírgula sob vírgula, como se faz na soma e na subtração. O que temos de fazer aqui é contar a quantidade de casas após a vírgula nos dois fatores, sendo esta a quantidade de casas após a vírgula no resultado. Essa contagem é feita apenas no fim da operação, durante a qual ignoramos o papel das vírgulas.

Assim, para multiplicar 3,6 por 2,754 dispomos o fator 2,754 em cima e o fator 3,6 sob ele, pois sempre convém pôr embaixo o que tem menos algarismos. Depois de efetuar a multiplicação chegamos ao número 99144, que não é ainda a resposta. Um fator tem uma casa após a vírgula e o outro tem três. O resultado precisa ter quatro casas (1+3) após a vírgula: 9,9144. Quando em situação de trabalho fazemos essas contas na calculadora, temos de dominar estes conhecimentos para conseguirmos conferir o resultado no visor – do contrário seremos controlados pela máquina: um cego guiando outro cego.

Para a *divisão de decimais*, o caminho mais conveniente é eliminar a vírgula do divisor, fazendo o correspondente ajuste no dividendo.

Dividir 56,924 por 0,16 significará primeiro passar a vírgula de 0,16 duas casas para a direita (isto é o mesmo que multiplicar o valor por 100), o que dará 16 inteiros. O mesmo tipo de alteração tem de ser feito no dividendo (que é um numerador). Passando a vírgula duas casas para a direita ficamos com 5692,4. Agora efetuamos 5692,4:0,16. Nosso resultado será 355,775.

A vírgula é colocada no quociente no momento em que se esgota a parte inteira do dividendo. Sem segredos.

Se vamos dividir 140 por 2,9, simplesmente andamos uma casa para a direita no divisor, ficando com 29. O dividendo tem de mudar para 1400. O quociente será 48,275862...

A prioridade na resolução de expressões numéricas obedece, quanto aos braços parênteses, colchetes e chaves, exatamente a esta ordem: primeiro parênteses, "( )"; depois colchetes, "[ ]"; e, finalmente, chaves, "{ }". Devemos lembrar que parênteses significam "vezes". Quanto às operações, a ordem é: primeiro, potências e raízes; segundo, multiplicação e divisão; terceiro, adição e subtração.

Vamos resolver a expressão abaixo.

$$5^2\{1+2[5 + 18:(3 + 2*3)]\}$$

Temos:

$$5^2\{1+2[5 + 18:(3 + 6)]\}$$
$$5^2\{1+2[5 + 18:9]\}$$
$$5^2\{1+2[5 + 2]\}$$
$$5^2\{1+2*7\}$$
$$5^2\{1+14\}$$
$$5^2*15$$
$$25*15 = 375.$$

Exercício **Po.05**
Resolver as expressões aritméticas abaixo.
A) 20:{-4 + 2[1 + 2(9 − 3*2)]} − 4.
Resolução:
20:{-4 + 2[1 + 2(9 − 3*2)]} − 4
20:{-4 + 2[1 + 2(9 − 6)]} − 4
20:{-4 + 2[1 + 2*3]} − 4
20:{-4 + 2[1 + 6]} − 4
20:{-4 + 2*7} − 4
20:{-4 + 14} − 4
20:10 − 4
2 − 4 = -2.
B) {13 + 3[2 + 4(1 + 3*5)]} − 3^2. C) 2{4 + 2[5 + 2(16 − 4*2)]}. D) {-1 +3[2(9 − 4*2)] − 2} + 7. E) {7 + 4[1 + 5(1 + 9:3)]} − 10:2.

Como efetuar *adição de frações algébricas*? À primeira vista parece difícil, mas é engano. Depois que o estudante se acostuma com a operação, ela se torna mais simples que a de frações puramente numéricas.

Vamos fazer a seguinte operação (com a ≠ 0 e b ≠ 0):

$$\frac{4}{a} + \frac{5}{b}$$

Temos primeiro de descobrir o MMC entre **a** e **b**, que são os denominadores. Ele é simplesmente o produto ab. (Para acharmos MMC de expressões como ab, ac e abd, vamos agrupando no produto todos os fatores, sem repetir os já incluídos. O MMC será abcd.)

Nossa soma será:

$$\frac{4}{a} + \frac{5}{b} = \frac{...}{ab} + \frac{...}{ab}$$

A divisão de ab por **a** dá **b** (ab/a, "corta-se" **a** com **a**), que multiplicado por 4 resulta em 4b. Na segunda parcela, ab por **b** dá **a**, que multiplicado por 5 dá 5a. Teremos:

$$\frac{4}{a} + \frac{5}{b} = \frac{4b}{ab} + \frac{5a}{ab} = \frac{4b+5a}{ab}$$

Exercício **Po.06**
Efetuar as adições abaixo.
A) a/c – 3c/(ab)
Resolução:
O MMC é abc.

$$\frac{a}{c} - \frac{3c}{ab} = \frac{a^2b}{abc} - \frac{3c^2}{abc} = \frac{a^2b-3c^2}{abc}$$

B) x/a – 2y/(ax). C) a/x + b/(xy). D) a/b + c/a. E) a²/c – b²/a.

Percentagem

Uma razão é uma operação entre dois valores, o antecedente e o consequente, entendida como uma relação estabelecida pela preposição "em" entre eles, e uma percentagem é uma razão cujo consequente vale 100. Uma razão expressa em forma de fração tem como antecedente o numerador e como consequente o denominador, obviamente.

Se, das reuniões de trabalho que meu grupo de estudos realizou, eu compareci a 5, em um total de 8, qual é a razão de meu comparecimento?

Se participei de 5 em 8, a razão é 5 para 8, ou 5 oitavos, o que pode ser representado pela fração 5/8.

Qual foi a percentagem de minha frequência, isto é, se o antecedente for 100, se forem 100 reuniões, qual será o antecedente?

O cálculo é feito através de uma "regra de três", uma

proporção em que igualamos duas razões, com antecedente e consequente, para encontrar um dos valores, sendo dados os outros três.

Neste caso temos x/100 = 5/8.

Podemos resolver a regra de três como aprendemos no curso elementar, mas isso significa que sempre teremos o valor 100 multiplicado pelo antecedente (numerador) da segunda razão (fração), com resultado que será dividido pelo consequente (denominador da fração). O valor que acharmos para **x**, quando disposto sobre o denominador 100 é que representará a percentagem, e poderá ser escrito como x%, isto é, x por 100, ou x/100.

Na prática, tomamos a divisão de 5 por 8, numerador por denominador, e multiplicamos o resultado por 100, isto é, fazemos a vírgula pular duas casas (ou ordens) decimais para a direita.

Fazendo

5 |8, obtemos 0,625. Então nosso valor **y**, que é o valor x%, será y=62,5%.

Responder "quanto por cento dá" é o mesmo que responder "quantos centésimos dá". Assim, dizer 47% é o mesmo que dizer 47/100, ou 0,47.

Exercício **Po.07**
Escrever como percentagem a razão dada abaixo.
A) 7 em 16.
Resolução: y = 7:16 = 0,4375 = 43,75%
B) 3 em 4. C) 3 em 10. D) 3 em 8. E) 9 em 40.

Exercício **Po.08**
Escrever como percentagem a razão representada na parte pintada da figura.
A) |■|□|□|□|□|□|□|□|
Resolução: 1 |8 dá 0,125. Então y = 1/8 = 0,125 = 1,25%

B) |■|■|■|□|□|□|□|□|
C) |■|■|■|■|□|□|□|□|
D) |■|■|■|□|□|
E) |■|■|■|■|■|□|□|□|

Arredondamento

Nas percentagens, adotaremos aqui o arredondamento para a casa dos centésimos, sempre que não tivermos valores inteiros, mas valores com vírgula. Se a divisão é exata para a casa dos décimos, não precisaremos, obviamente, escrever o 0 para o centésimo. Assim, em vez de 4,80%, escreveremos 4,8%.

Mas como escrevemos em percentagem o valor y=0,51392? Ele será arredondado para y=51,39%.

E no número y=0,25835? Aqui faremos y=25,84%

Aquele final 2 de 0,51392 foi dispensado, mas o valor 5 de 0,25835 foi usado (para alterar a casa anterior). Por quê?

A regra universal de arredondamento é que na primeira metade dos algarismos finais (0, 1, 2, 3, e 4) nós os dispensamos (arredondamento para baixo), mas na segunda metade (5, 6, 7, 8, e 9), nós acrescentamos 1 à casa que antecede o algarismo que não será mais escrito.

Exercício **P0.09**
Arredondar para a casa dos décimos os valores abaixo.
A) 4:15
Resolução: 4 ⌊15 dá 0,2666... Então y = 4/15 ≈ 0,3.
B) 12:7   C) 5:6   D) 200:3   E) 1,45555... (neste é só arredondar)

Exercício **P0.10**
Arredondar para número inteiro os valores dados.
A) 15:2
Resolução: 15 ⌊2 dá 7,5. Então y = 15/2 ≈ 7.
B) 1:6 C) 43:6 D) 28,71 E) 20:7

Exercício **P0.11**

Arredondar para a casa dos décimos de milésimos os valores dados.

A) 90:7

Resolução: 90 |7 dá 12,857142... Então y = 90/7 ≈ 12,8571.

B) 25:3 C) 8:9 D) 50:7 E) 30,243567

Exercício **P0.12**

Escrever como percentagem os resultados do exercício anterior.

Resolução: A) y = 90/7 ≈ 12,8571 = 1285,71%.

Exercício **P0.13**

Antônio possuía uma quantia e, desse total, cedeu uma parte como empréstimo. Dizer quanto por cento representa essa parte se ele emprestou:

A) $40 em $210

Resolução: 40 |210 dá 0,190476... Então y = 40/210 ≈ 0,1905 = 19,05%.

B) $20 em $90 C) $10 em $110 D) $800 em $1400 E) $120 em $1500

Percentual

Percentual é a fração de alguma quantidade obtida através de percentagem.

Por exemplo, temos 200 gramas de um produto e vamos tirar 15%. Quantos gramas dará? O valor 10% é a percentagem, enquanto que o que obtivermos em gramas será o percentual. Para chegar ao resultado basta multiplicar 15% pelo total. Como 15% é a representação da fração 15/100, e a fração "de" um número é o produto dela por esse número, então o percentual **u** será dado por **u** = 15%*200 = (15/100)*200 = (15)*2 = 30. O resultado é u = 30 gramas. (Na operação, cortamos, i. e., simplificamos, os dois zeros de 200 com os dois zeros do denominador 100.)

Exercício **Po.14**

Obter o percentual **u** referente à percentagem do total dado.

A) 18% de 70 m

Resolução:

$$U = \frac{18}{100} * 70 = \frac{18}{10} * \frac{7}{1} = \frac{126}{10} = 12{,}6. \text{ Resp.: } u = 12{,}6 \text{ m.}$$

Outro modo: 0,18*70 =...

B) 5% de \$300 C) 140% de 30 kg D) 200% de 45 cm E) 20% de 88 km.

Aumento de preço

Se temos uma mercadoria com dado preço e queremos aplicar sobre ela um aumento, em certa percentagem, o que se aprende no curso elementar é multiplicar esse índice de aumento pelo preço e, encontrado o valor, adicioná-lo ao preço original dado.

Assim, se o preço original era **p** e o índice de aumento foi **a**, para obter o preço novo **n**, fazemos:

p+a*p = n.

Ora, depois do curso elementar, tiramos em evidência o preço p. Teremos:

n = p(1+a), ou n = p(100% + a).

Já sabemos que a razão 1/1 é a mesma que a percentagem 100%, que vale 100/100.

A mesma ideia da fórmula acima vale para um desconto no preço **p**, pois o desconto é um índice com sinal negativo.

Dado um preço **p**, um novo valor **v** depois de um desconto de índice **a** será:

v = p(1-a), ou v = p(100 − a).

Exercício **Po.15**

Determinar o preço novo **n** depois que se aplica a um preço **p** o aumento de:

A) 13%, em p = \$420

Resolução:

n = 420(100%+13%) = 420*113% = 420*113/100 = 42*113/10 = 4746/10 = 474,60.

B) 110%, em p = \$80 C) 15%, em p = \$50 D) 20%, em p = \$240 E) 1%, em p = \$300

Exercício **Po.16**

Determinar o preço novo **v** depois que se aplica a um preço **p** o desconto de:

A) 14%, em p = \$382

Resolução:

A = 382(100% - 14%) = 382*86% = 382*86/100 = 32852/100 = 328,52.

B) 8%, em p = \$90 C) 18%, em p = 400 D) 20%, em p = 490 E) 17%, em p = \$88.

Exercício **Po.17**

Dados o preço novo **n** e o preço antigo **p**, determinar a percentagem de aumento.

A) n = \$800, p = \$500.

Resolução: 500(100%+x)=800 ⇔ 500(1+x)=800 ⇔ 1+x=800/500 ⇔ 1+x=8/5 ⇔ 1+x=1,6 ⇔ x=1,6-1,0 ⇔ x=0,6 ⇔ x=0,6*100% ⇔ x=60%.

B) n = \$500, p = \$160 C) n = \$180, p = \$120 D) n = \$145, p = \$20 E) n = \$90, p = \$60

Exercício **Po.18**

Dados o preço descontado **v** e o preço antigo **p**, determinar a percentagem de desconto.

A) v = \$350, p = \$500.

Resolução: $500(100\%-x)=350 \Leftrightarrow 500(1-x)=350 \Leftrightarrow 1-x=350/500 \Leftrightarrow 1-x=35/50 \Leftrightarrow 1-x=0,7 \Leftrightarrow -x=0,7-1,0 \Leftrightarrow -x=-0,3 \Leftrightarrow x=0,3 \Leftrightarrow x=0,3*100\% \Leftrightarrow x=30\%$.

B) v = \$160, p = \$800 C) v = \$220, p = \$400 D) v = \$270, p = \$340 E) v = \$60, p = \$70

Exercício **Po.19**

Um segmento tem comprimento **n** quando dilatado, e comprimento **p**, antes da dilatação. Calcular a percentagem de dilatação que ele sofreu.

A) n = 600 cm, p = 560 cm.

______________________ p

______________________ n

Resolução: $560(100\%+x)=600 \Leftrightarrow 560(1+x)=600 \Leftrightarrow 1+x=600/560 \Leftrightarrow 1+x=60/56 \Leftrightarrow 1+x=1,0714285... \Leftrightarrow x \approx 1,0714-1,0 \Leftrightarrow x=0,0714 \Leftrightarrow x=7,14\%$.

B) n = 40 cm, p = 38 cm. C) n = 500 cm, p = 400 cm. D) n = 80 cm, p = 64 cm. A) n = 8 cm, p = 3 cm.

Exercício **Po.20**

Um comerciante vendeu por um valor **n** uma mercadoria que ele havia comprado por preço **p**. Calcular a percentagem de lucro na transação.

A) n = \$500, p = \$410.

Resolução: $410(100\%+x)=500 \Leftrightarrow 410(1+x)=500 \Leftrightarrow 1+x=500/410 \Leftrightarrow 1+x=50/41 \Leftrightarrow 1+x=1,21951... \Leftrightarrow x \approx 1,2195-1,0 \Leftrightarrow x=0,2195 \Leftrightarrow x=21,95\%$.

B) n = \$460, p = \$400. C) n = \$1220, p = \$800. D) n = \$400, p = \$350. E) n = \$90, p = \$80.

Progressão aritmética

Uma *sequência* numérica é um conjunto ordenado (a_1, a_2, a_3,...) que pode ser finito, por exemplo, (2, 8, 3, 8, 0, 7), ou infinito, como por exemplo (1/2, 1/4, 1/8, 1/16,...). Costuma ser definido como uma função f:A → R, A ⊂ N-{0}, com conjunto-imagem (a_1, a_2, a_3, a_4,...).

Os valores, ou as imagens, de uma sequência podem ser dados por uma *lei de formação*, geralmente uma fórmula, ou podem ser definidos individualmente, como no primeiro exemplo acima. Para ver como isso funciona, vamos calcular os quatro primeiros elementos da sequência infinita dada pela lei de formação $a_n = 3n^2-4$.

O número **n**, do conjunto de partida da função, percorre, por padrão, o conjunto dos inteiros positivos: 1, 2, 3, 4, 5,... Esses números são os índices das imagens a_1, a_2, a_3,...

Assim, fazemos (começando com n=1):

$a_n = 3n^2 - 4$
$a_1 = 3(1)^2 - 4 = 3{*}1 - 4 = 3 - 3 = -1,$
$a_2 = 3(2)^2 - 4 = 3{*}3 - 4 = 9 - 4 = 5,$
$a_3 = 3(3)^2 - 4 = 3{*}9 - 4 = 27 - 4 = 23,$
$a_4 = 3(4)^2 - 4 = 3{*}16 - 4 = 48 - 4 = 44.$
Nossa sequência será: (-1, 5, 23, 44,...).

Um tipo muito especial de sequência que surge de uma lei de formação é a *progressão aritmética* (PA). Ele é definida como a sequência, ou progressão, em que cada termo, a partir do primeiro, a_1, é igual ao termo anterior somado a um valor fixo, chamado passo, ou razão da PA (na língua portuguesa, não se querendo usar "passo", seria mais adequado usar "alíquota", em lugar de "razão da PA"). Assim, uma PA cujo primeiro termo é a_1=5 e cujo passo é r = -2 é dada por (5, 3, 1, -1, -3,...). Outra, que tem primeiro termo a_1 = 4 e razão r = 3, é explicitada como (4, 7, 10, 13,...).

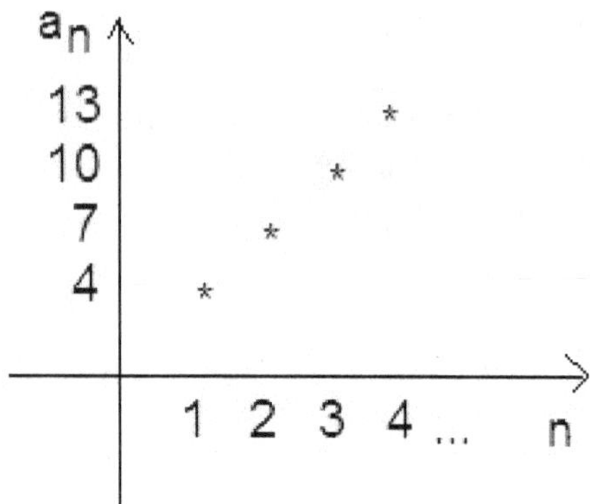

(Gráfico da PA crescente)

Uma progressão aritmética pode ser *decrescente* (tem passo negativo), *crescente* (tem passo positivo) ou *constante* (tem passo nulo).

Exercício **P0.21**

Encontrar a razão (ou passo) da progressão aritmética dada.

A) (2, 6, 10, 14,...)

Resolução (subtraímos de qualquer termo o termo anterior):

$r = 6-2 = 4$.

B) (-3, -1, 1, 3, 5,...) C) (10, 15, 20, 25,...) D) (½, 3/2, 5/2, 7/2,...) E) (4, 3, 2, 1...).

Existe uma fórmula que fornece o *termo geral* (a_n) de qualquer progressão aritmética, a partir de seu primeiro termo e de sua razão. Vemos que para obter o segundo termo somamos o primeiro, a_1, com a razão **r**. A partir deste, para chegar ao terceiro termo, acrescentamos a razão **r** outra vez, isto é, desde o primeiro termo, acrescentamos duas vezes a razão, 2r. Para chegar ao quarto termo, acrescentamos a razão outra vez, ficando com 3r. Tivemos: $a_1 = a_1+0$, $a_2 = a_1+1r$, $a_3 = a1 + 2r$, $a_4 = a_1 + 3r$. Esse **n** do índice aparece no segundo membro da igualdade como antecessor, multiplicando **r**. Assim, nossa fórmula do termo geral é:

$$a_n = a_1 + (n-1)r.$$

Exercício **P0.22**
Encontrar o vigésimo termo de cada progressão aritmética dada.

A) $a_1 = 7$, $r = 3$.
Resolução:
$a_n = a_1 + (n-1)r$
$a_{20} = 7 + (20-1)*3 = 7 +19*3 = 7 + 57 = 64$.

B) $a_1 = 1$, $r = 5$. C) $a_1 = -9$, $r = 2$. D) $a_1 = 50$, $r = -6$. E) $a_1 = 5/2$, $r = 3/2$.

Exercício **P0.23**
Encontrar a razão e o décimo-sexto termo da progressão aritmética.

A) $a_1 = 3$, $a7 = 33$.
Resolução:

$a_n = a_1 + (n-1)r$ $a_n = a_1 + (n-1)r$
$33 = 3 + (7-1)*r$ $a_{16} = 3 + (16-1)*5$
$33 = 3 + 6r$ $a_{16} = 3 + 15*5$
$33 - 3 = 6r$ $a_{16} = 3 + 75$
$6r = 30 \Leftrightarrow r = 30/6 = 5$. $a_{16} = 78$.

B) $a_1 = 2$, $a_4 = 14$. C) $a_1 = -3$, $a_6 = 32$. D) $a_1 = 5$, $a_9 = 21$. E) $a_1 = 3$, $a_8 = 45$.

Exercício **P0.24**
Usando a propriedade do termo médio da PA $[a_2 = (a_1+a_3)/2$, ou, mais geralmente, $a_k = (a_{k-p} + a_{k+p})/2$, k, p $\in$ $Z_+ - \{0\}]$, ou propriedade característica, segundo a qual cada

termo é a média aritmética de dois termos equidistantes, obter o valor de **x**.

A) (4, 2x+3, 18).

Resolução:

$$a_2 = \frac{a_1 + a_3}{2}$$

$$2x+3 = \frac{4+18}{2}$$

$$2x+3 = 22/2$$

$$2x = 11$$

$$x = \frac{11}{2}$$

B) (3, 2x+6, 17).   C) (-1, x+4, 15).   D) (20, 3x-3, 4).   E) (7, 2x+9, 22).

Exercício **Po.25**

Sabendo que a soma dos primeiros termos da PA é a média dos extremos multiplicada pela quantidade de termos, $S_n = (a_1 + a_n)n/2$, obter a soma dos **n** primeiros termos de cada progressão aritmética abaixo, dados a_1 e **r**.

A) $a_1 = 5$, r = 3, n = 18.

Resolução:

$a_n = a_1 + (n-1)r$

$a_{18} = 5 + (18-1)*3 = 5 + 17*3 = 5 + 51 = 56.$

$$S_n = \frac{(a_1 + a_n)n}{2}$$

$S_{18} = (5 + 56)*18/2 = 61*18/2 = 61*9 = 549.$

B) $a_1 = 3$, r = 2, n = 41.   C) $a_1 = 10$, r = 4, n = 20.   D) $a_1 = 6$, r = 7, n = 16.   E) $a_1 = 45$, r = -3, n = 23.

Progressão geométrica

Outro tipo especial de sequência, muito similar à PA, é a *progressão geométrica* (PG). Ela é definida como a sequência, ou progressão, em que cada termo, a partir do primeiro, a_1, é igual ao termo anterior multiplicado por um valor fixo, chamado razão (neste caso, vomo veremos a seguir, é uma razão propriamente dita).

Uma PG cujo primeiro termo é a1=3 e cuja razão é q = 2 é dada por (3, 6, 12, 24, 48,...). Outros exemplos são (16, 8, 4, 2,...), com razão q = 1/2; (5, 5, 5, 5,...), com razão q = 1; (1, -2, 4, -6, 16,...), com razão q = -2 (q de quociente).

Uma progressão geométrica pode ser *crescente* (tem razão maior que 1), *decrescente* (tem razão positiva menor que 1), *oscilante* (tem razão negativa) ou *constante* (tem razão igual a 1).

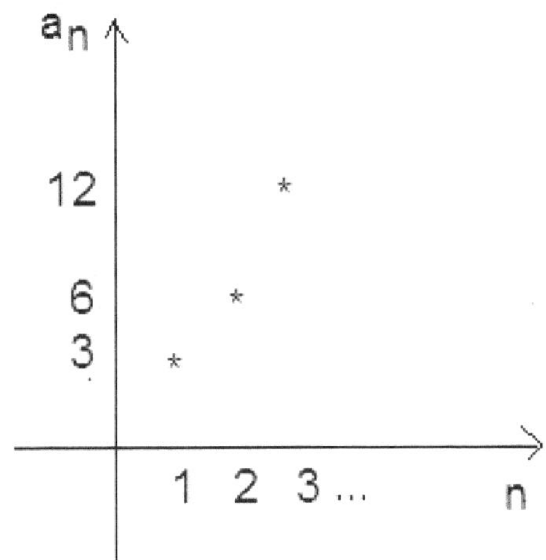

(Gráfico da PG crescente)

Já que os termos seguintes são obtidos por multiplicação da razão, para chegar à fórmula do *termo geral* da PG temos de ir multiplicando sucessivamente a razão **q**, depois do primeiro termo a_1. Assim, a fórmula será dada por:

$$a_n = a_1 q^{n-1}$$

A propriedade característica da PG relaciona-se à média geométrica. Cada termo da PG é igual à média geométrica de dois termos equidistantes. Assim, o primeiro termo é a média geométrica entre o primeiro e o terceiro termos, por exemplo.

$$a_2 = \sqrt{(a_1 * a_3)}.$$

Na PG finita de termos positivos (2, x, 50), o valor de **x**, segundo termo, deve ser 10. Verifiquemos: $a_2 = \sqrt{(a_1 * a_3)}$, então x = $+\sqrt{(2*50)} = +\sqrt{100} = 10$. Sem a informação de que os termos são positivos, teríamos de levar em conta tanto a resposta positiva quanto a negativa. Teríamos $a_2 = \pm\sqrt{(a_1 * a_{13})}$. Note que se tivermos a PG (-2, x, -50), o valor de **x** é necessariamente positivo. Por que será?

Mais geralmente, temos:

$$a_k = \sqrt{(a_{k-p} * a_{k+p})}, k, p \in Z_+ - \{0\}.$$

A média geométrica, também chamada de média harmônica na Geometria Plana, representa-se como um segmento dentro do círculo que tem comprimento **h** dado pela raiz quadrada do produto de duas secções, de medidas **a** e **b**, que completem o diâmetro. A sequência (a, h, b) forma, obviamente, uma PG.

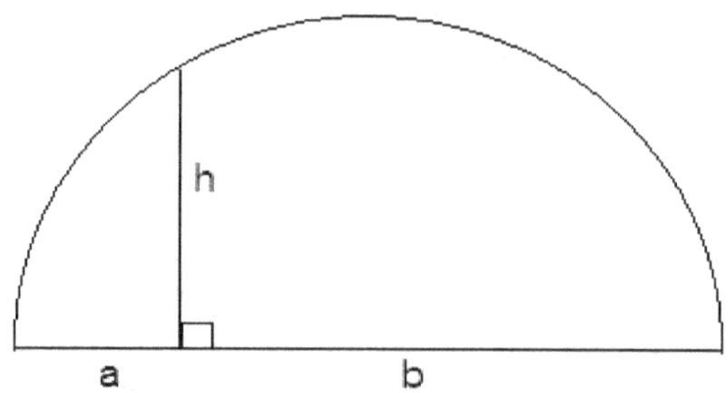

(Média geométrica ou harmônica)

A fórmula da soma dos primeiros n termos da PG tem uma demonstração que demanda um pouco mais de trabalho. A apresentação mais usual dela é dada por:

$$S_n = \frac{a_1\left(1-q^n\right)}{1-q}$$

Quanto dá a soma dos 10 primeiros termos da PG com $a_1 = 3$ e $q = 2$? Basta fazer:

$$S_n = \frac{a_1\left(1-q^n\right)}{1-q}$$

$$S_n = \frac{3\left(1-2^{10}\right)}{1-2} = \frac{3\left(1-1024\right)}{-1} = \frac{3\left(-1023\right)}{-1} =$$

$$= \frac{-3\left(1023\right)}{-1} = 3069.$$

A demonstração da fórmula é simples e conhecê-la pode ajudar na memorização.

Primeiro, escrevemos a soma com os valores explicitados:

$S_n = a_1 + a_2 + a_3 + \ldots + a_n$.

Escrevendo de modo que a razão **q** apareça, temos:

$S_n = a_1 + a_1 q + a_1 q^2 + a_1 q^3 + \ldots + a_1 q^{n-1}$

Um pequeno truque agora consiste em multiplicar os termos dessa igualdade pela razão **q**:

$q S_n = a_1 q + a_1 q^2 + a_1 q^3 + a_1 q^4 + \ldots + a_1 q^n$.

Finalmente subtraímos esta última igualdade da anterior.

$S_n = a_1 + a_1 q + a_1 q^2 + a_1 q^3 + \ldots + a_1 q^{n-1}$

$(-1) \quad q S_n = a_1 q + a_1 q^2 + a_1 q^3 + a_1 q^4 + \ldots + a_1 q^n$.

$S_n - q S_n = a_1 - a_1 q^n$.

Teremos $S_n - q S_n = a_1 - a_1 q^n \Leftrightarrow S_n(1-q) = a_1(1-q^n)$. Passando o fator 1-q para o segundo membro, chegamos ao final:

$$S_n = \frac{a_1\left(1-q^n\right)}{1-q}$$

Como queríamos demonstrar (cqd).

Diferentemente do caso da PA, faz sentido calcular a soma dos infinitos termos de uma PG, desde que a razão **q** tenha módulo menor que 1. Neste caso, dizemos que a PG é uma *série convergente*, pois converge para um número. Se q tem módulo menor que 1, $|q|<1$, aquela potência q^n da fórmula da soma dos **n** primeiros termos tenderá a zero à medida que **n** vai para infinito. Se, por exemplo, q = 1/2, quando elevamos a 1, 2, 3, 4, etc., vemos que os valores vão caindo, e vão se aproximando de zero: 1/2, 1/4, 1/8, 1/16,...

Para infinitos termos, portanto, podemos esquecer o índice **n**, fazendo S = a_1(1-0)/(1-q).

Nossa fórmula da soma da PG para infinitos termos é dada por:

$$S = \frac{a_1}{1-q} \text{ , sempre que } |q|<1.$$

Se quisermos saber quanto vale a soma da PG (5, 5/2, 5/4, 5/8,...), isto é, da PG com a_1 = 5 e q = 1/2, faremos:

$$S = \frac{a_1}{1-q}$$

$$S = \frac{5}{1-1/2} = \frac{5}{1/2} = 5*\frac{2}{1} = 5*2 = 10.$$

Exercício **Po.26**
Descobrir a razão de cada progressão geométrica dada.
A) (3, 12, 48, 192,...).

Resolução: q = 12/3 = 4.

B) (2, 6, 18, 54,...). C) (1, 1/2, 1/4, 1/8,...). D) ((4, -4, 4, -4, 4,...). E) (3, 9, 27, 81,...).

Exercício **Po.27**

Usando a fórmula do termo geral, obter o décimo-segundo termo de cada PG.

A) $a_1 = 7$, $q = 2$.

Resolução:

$a_n = a_1 q^{n-1}$

$a_{12} = 7*2^{12-1} = 7*2^{11} = 7*2048 = 14336$.

B) $a_1 = 5$, $q = -2$. C) $a_1 = 3$, $q = \frac{1}{2}$. D) $a_1 = 4$, $q = 3$. E) $a_1 = 1$, $q = 2$.

Exercício **Po.28**

Interpolar, ou inserir, **k** meios geométricos (termos intermediários) positivos entre os valores dados.

A) 2 e 81/8, k = 3.

Resolução:

Como vamos inserir três termos entre 2 e 81/8, formando uma PG, então temos cinco termos (três inseridos mais os dois extremos). Assim, $a_1 = 2$ e $a_5 = 81/8$.

$a_n = a_1 q^{n-1}$

$81/8 = 2*q^{5-1}$

$81/16 = q^4$

$q^4 = 81/16 \Rightarrow q = +\sqrt[4]{(81/16)} \Rightarrow +\sqrt[4]{(3/2)^4} = +3/2$.

A PG será: (2, 3, 9/2, 27/4, 81/8). (Foi só multiplicar 2 por 3/2 e assim por diante.)

Termos inseridos: 3, 9/2, 27/4.

B) 1/2 e 125/16, k = 2. C) 2 e 250, k = 2. D) 1 e 1/81, k = 3. E) 3 e 3/16, k = 3.

Exercício **Po.29**

Usando a propriedade do termo médio da PG, descobrir o valor de **x** na PG dada, de termos positivos.

A) (5, x+8, 45).

Solução:

$a_2 = \pm\sqrt{(a_1 * a_3)}$.

$x+8 = +\sqrt{(5*45)}$

$x+8 = +\sqrt{225}$

$x+8 = 15 \Leftrightarrow x = 15 - 8 \Leftrightarrow x = 7$.

B) (3, 2x+6, 48). C) (1, 2x+3, 49). D) (2, 3x+6, 162). E) (4, x+5, 16).

Exercício **Po.30**

Obter a soma dos oito primeiros termos da PG dada.

A) (2, 6, 18,...).

Resolução:

$q = 6/2 = 3$.

$S_n = a_1(1-q^n)/(1-q)$

$S_n = 2(1 - 3^8)/(1-3) = 2(1-6541)/(-2) = -2(6540)/(-2) = 3270$.

B) (3, 6, 12,...). C) (1, 4, 16,...). D) (2, 4, 8,...). E) (1/2, 3/2, 9/2,...).

Exercício **Po.31**

Obter a soma de todos os termos da PG, dados o primeiro termo e a razão.

A) $a_1 = 9$, $q = ¼$.

Resolução:

$S = a_1/(1-q)$

$S = 9/(1-1/4) = 9/[(4-1)/4] = 9/(3/4) = 9*4/3 = 3*4 = 12$.

B) $a_1 = -7$, $q = 1/6$. C) a1 = 5, $q = 1/3$. D) $a_1 = 2$, $q = 1/5$. E) $a_1 = 5$, $q = ¾$.

Exercícios suplementares

So.01

Efetuar:

$- 6 + (-3)*(+5) - (-18):(+2) + 5*(-4)$.

So.02

Efetuar as seguintes adições de frações:

a) $3/5 + 1/2 - 4/7$ b) $1/5 + 2/3 + 1/3 + 2/9$

S0.03
Efetuar:
a) (3/8)*(2/7)*(4/5)
b) (1/3)*(6/5)*(2/3):(3/4)

S0.04
Resolver a expressão aritmética abaixo.
5*{-1 + 3[2 - 4(11 − 4*3)]} − 3(7 - 4).

S0.05
Efetuar, sabendo que a ≠ 0 e b ≠ 0:
a) 5/a − 2a/3b
b) 7b/2a + a/5b

S0.06
Escrever como percentagem:
a) 12 em 20
b) 13 em 8
c) 15/16

S0.07
Arredondar para a casa dos centésimos:
a) 7/15   b) 12/13 c) 0,0289   d) 15/32

S0.08
Escrever como percentagem o resultado das operações abaixo.
a) 20:3 b) 5:9   c) 17:7   d) 11:32

S0.09
Lúcio tinha no bolso a quantia de $300, mas emprestou $40 a seu amigo Manuel. Quando por cento representou esse empréstimo em relação ao que Lúcio possuía?

So.10

Determinar o percentual referente à percentagem indicada:
a) 15% de $500   b) 10% de 80 m   c) 7,5% de 900 kg

So.11

Dar o preço novo **n** após a aplicação da percentagem de aumento indicada sobre o preço dado.

a) 14% em p = $200 b) 105% em p = $70 c) 45% em p =
= $250

So.12

Dar o preço novo **v** depois de aplicado ao preço **p** o desconto indicado.

a) 12% em p = $400 b) 17,5% em p = $800   c) 9% em
p = $320

So.13

Obter a percentagem de aumento dados o preço novo **n** e o preço antigo **p**.

a) n = $80, p = $50. b) n = $100, p = $75. c) n = $400, p = $300.

So.14

Determinar a percentagem de aumento sabendo o preço descontado **v** e o preço antigo **p**.

a) v = $200, p = $400. b) v = $70, p = $86. c) v = $400, p = $750.

So.15

Flávio comprou uma mercadoria por $480 e vendeu-a uma semana depois por $540. Qual foi a percentagem de lucro que ele auferiu?

So.16

Dar a razão, ou passo, da progressão aritmética (PA).

a) (1, 5, 9, 13,...) b) (10, 8, 6, 4,...) c) (2, 2, 2, 2,...)

So.17
Achar o vigésimo-terceiro termo da PA de razão $r = 4$ e primeiro termo $a_1 = -8$.

So.18
Pela propriedade do termo médio da PA, descobrir o valor de x na PA de três termos.
a) (5, 4x+4, 11)   b) (-2, 7x-11, 8)

So.19
Obter a soma dos 40 primeiros termos da PA (-12, -5, 2,...).

So.20
Determinar a razão da progressão geométrica (PG) dada.
a) (5, 10, 20, 40,...)   b) (3, -3, 3, -3,...)   c) (16, 4, 1,...)

So.21
Com a fórmula do termo geral, achar o décimo-primeiro termo da PG (1/2, 1, 2,...).

So.22
Usando a propriedade do termo médio da PG, calcular o valor de x na PG de termos positivos (3, 2x+2, 48).

So.23
Determinar a soma dos nove primeiros termos da PG (4, 8, 16,...).

So.24
Obter a soma de todos os termos da PG (6, 2, 2/3,...).

Capítulo 1 – Juros

Quando emprestamos certo volume de capital C a alguém ou a alguma instituição, a remuneração que recebemos por nosso ato é conhecida como *juro*, que é calculado sobre um período contratado, de dia, mês, ano, etc. Caso o empréstimo se prolongue para além da unidade do período estabelecido, nossa remuneração passa a ser o "montante dos juros".

Juros simples

Os *juros simples* são aqueles que se calculam apenas com base no capital inicialmente investido, independentemente do número de períodos do empréstimo ou da aplicação.

Eles não são usados no mercado, a não ser como componente da fórmula para desconto de duplicata (desconto bancário), que estudaremos mais à frente, ou em casos raros entre pessoas físicas, nos empréstimos de curto prazo.

Seu estudo teórico, porém, é muito importante, pois a partir dos juros simples torna-se fácil entender o funcionamento das outras formas de remuneração do capital.

Exercício **P1.01**
Dado um objeto (uma estrada) de medida original **h**, durante **d** dias seguidos empregados têm de acrescentar-lhe uma porção (trecho) equivalente a 5% desse valor **h**. Calcular o valor **j** do acréscimo e, em seguida, a nova medida M do objeto.
A) h = 400 m, d = 3 dias.

Resolução: j = h*(5/100)*d = 400*(5/100)*3 = 4*(5)*3 = 60; m = h+j = 400+60 = 460. Resp.: M = 460 m.

B) h = 500 kg, d = 2 dias. C) 80 m², d = 3 dias. D) 90 cm, d = 1 dia. E) h = \$700, d = 4 dias.

Montante

A fórmula de juros simples é dada por
$$j = C*i*t,$$
em que **t** é o tempo ou período, **i** (*iuri*, juro em latim; se for 2%, por exemplo, escreve-se 2/100, ou 0,02) é a taxa de juros, C é o capital e **j** é o juro acumulado, sem contar o capital investido.

O montante, este sim, inclui o capital original. Sua fórmula é dada por

$$M = C+j.$$

Exercício **P1.02**
Um benfeitor emprestou $1200 a uma pessoa necessitada, a juros simples mensais, de valor **i**, durante um tempo de **t** meses. Calcular os juros nessa fase.

A) i = 4%, t = 3 meses.

Resolução: j = C*i*t = 1200*(4/100)*3 = 12*4*3 = 144. Resp.: j = $144.

B) i = 2%, t = 4 meses. C) i = 1%, t = 6 meses. D) i = 3%, t = 5 meses. E) i = 2,5%, t = 4 meses.

Exercício **P1.03**
Calcular o montante para cada situação do exercício anterior.

A) j = $144

Resolução: M = C+j = 1200+144 = 1344. Resp.: M = $1344.

Exercício **P1.04**
Se um capital C foi emprestado por certo tempo, calcular o valor dos juros para o montante M obtido.

A) M = $700, C=$450.

Resolução: M = C+j ⇔ 700 = 450+j ⇔ -j = 450-700 ⇔ ⇔ -j = -250 ⇔ j = 250. Resp.: j = $250.

B) M = $1300, C=$1150. C) M = $1000, C=$800. D) M =
= $3000, C=$2210. E) M = $8200, C=$540.

Parcelamento

É muito comum, quando alguém toma emprestado a juros
simples, abater a dívida pagando parcelas iguais do valor
inicial. Por exemplo, o cidadão toma $600 por seis meses e vai
abatendo $600/6 mensalmente. Dessa forma, ao devolver $100
a cada mês, junto com o pagamento dos juros, no fim do prazo
ele não deve nada ao credor.

Sem levar em conta os juros, o capital original decresce na
mão do devedor conforme a seguinte sequência:

Valor: 600 500 400 300 200 100   0
Mês: 0   1   2   3   4   5   6

Como a dívida decai formando uma progressão aritmética
decrescente, a dívida em juros terá o mesmo caráter.
Suponhamos que o contrato do exemplo acima tenha previsto
juros de 2% ao mês. Então no fim do primeiro mês a taxa é
aplicada sobre $600, no fim do segundo mês, sobre $500, e
assim por diante (em cada subperíodo, t = 1).

Teremos: J1 = 600*(2/100)*1 = 12, J2 = 500*(2/100)*1 =
= 10, J3 = 400*(2/100)*1 = 8, ... J6 = 100*(2/100)*1 = 2.

Nossa sequência de juros pagos é, portanto, 12, 10, 8, 6, 4,
2.

Como são poucos números, podemos somá-los
diretamente, mas numa quantidade maior de valores temos de
aplicar a fórmula da soma da progressão aritmética, criada por
Gauss quando criança, $S_n = (1/2)*(a_1+a_n)*n$, que é a média de
todos os números multiplicada pela quantidade **n**.

Em nosso exemplo teremos:

S_n = (1/2)*(12+2)*6 = (1/2)*14*6 = 7*6 = 42.

Note que, se não houvesse o abatimento, o devedor pagaria
até o fim aquele valor 12 do fim do primeiro mês, o que

resultaria em J = 600*0,02*6 = 72. O montante aqui seria $600 + $72, enquanto que na situação anterior foi $600 + $42.

Sempre que o devedor parcelar a dívida dos **n** períodos como no exemplo, os pagamentos da taxa de juros **i** por período serão (lembrando que t = 1):

J1 = C*i,

j2 = (C – C/n)*i = C*i*(1 - 1/n),

J3 = (C – 2c/n)*i = C*i*(1 - 2/n),

...

Jn-1 = [C – (n-2)*P/n] **i** = **C***i*[1 - (n-2)/n],

Jn = [C – (n-1)*P/n]*i = C*i*[1 – (n-1)/n].

Para saber o total dos juros, J, temos de somar a progressão aritmética J1+J2+...+Jn, que tem primeiro termo C*i e último termo C*i*[1 – (n-1)/n].

Teremos:

J = (1/2){C*i + C*i*[1- (n-1)/n]}*n ⇔ J = (n/2)*C*i*[1 + 1 – (n-1)/n] ⇔ J = (n/2)*C*i*[(2*n – n + 1)/n] ⇔ J = = C*[(n+1)/2]*i, ou J = Ci(n+1)/2.

A fórmula de juros simples com parcelamento será, portanto:

$$J = \frac{Ci(n+1)}{2}$$

Exercício **P1.05**

Um cliente toma emprestado um capital C, a juros simples de 3% ao mês, pagando em parcelas durante **n** meses. Determinar os juros e o montante M, nos casos abaixo.

A) C = $2400, n = 12 meses.

Resolução:

J = C*i*(n+1)/2

J = 2400*(3/100)*(12+1)/2 = 24*3*(13/2) = 12*3*13 = = 468. M = 2400+468 = 2868.

Resp.: J = $468, M = $2868.

B) C = \$1000, n = 14 meses. C) C = \$2100, n = 9 meses. D) C = \$10.000, n = 18 meses. E) C = \$800, n = 11 meses.

Desconto de duplicatas

Para calcular o valor do desconto de duplicatas, ou desconto bancário, o banco utiliza a ideia de juros simples. É uma conveniência do banco primeiro por pagar em juros simples e não juros compostos, que poderiam resultar em valor maior, e segundo, pela facilidade de cálculos, uma vez que esse tipo de operação é sempre de urgência.

O fato ocorre quando o comerciante, ou outro tipo de empresário, tem duplicatas a receber dentro de um prazo que para suas necessidades é grande. Por exemplo, certa duplicata vencerá no dia 30 do mês, mas o credor precisa daquele dinheiro no dia 15. Ele então recorre ao banco, que compra a dívida, isto é, fica com a duplicata. Aí é que entra o desconto, porque o banco está antecipando dinheiro. Se o valor de face é \$8000, por exemplo, o banco pode oferecer \$7600 pelo documento. O empresário avaliará se vale a pena fazer o negócio, e quase sempre vale, senão ele não está precisando muito da antecipação de capital.

A fórmula para o valor atual, feito o desconto, é dada por:

$$A = n - \frac{nip}{30}$$

Aqui, **n** é o *valor nominal*, ou valor de face, **i** é a taxa de juros e **p** o *prazo*, número de dias, da antecipação. O denominador 30 aparece aí porque o mês comercial é definido como tendo 30 dias. Na parte final da fórmula, que dá o total do *desconto*, o valor n corresponde a C e o valor p/30 corresponde a **t**, da fórmula de juros simples. Há o costume também de apresentar a fórmula com o valor **n** em evidência: A = n(1 - i*p/30). A fórmula anterior, porém, é mais fácil de usar.

Exercício **P1.06**

Um comerciante pretende descontar num banco que cobra taxa **i** uma duplicata com valor de face **n**, antecipada em **p** dias. Calcular o valor atual do título para as possibilidades abaixo.

A) n = $4000, i=5%, p=45 dias.

Resolução:

A = n − n*i*p/30 = 4000 − (4000*0,05*45/30) =
$$= 4000 − (40*5*1,5) = 4000 − 300 = 3700.$$

Resp.: A = $3.700

B) $2000, i=4%, p=15 dias. C) $9000, i=2,5%, p=60 dias. D) $800, i=3%, p=40 dias. E) $1600, i=2%, p=30 dias.

Exercício **P1.07**

Um empresário foi ao banco descontar uma duplicata de valor nominal $5000, com taxa de juros i = 3%. Determinar o prazo **p** do desconto, dado o valor atual V do título.

A) A = $4900.

Resolução:

A = n − n*i*p/30

4900 = 5000 − [5000*(3/100)*p/30]

4900 = 5000 − (50*3*p/30)

50*3*p/30 = 5000 − 4900

50*p/10 = 100

50*p = 100*10

50*p = 1000

p = 1000/50

p = 20. Resp.: p = 20 dias.

B) A = $4000 C) A = $4800 D) A = $3600 E) A = $4500

Juros compostos

Os juros compostos são um tipo de rendimento que a cada período de capitalização incide sobre o montante acumulado, e não apenas sobre o capital original. Isto significa que, se o período da taxa é o mês, então depois de cada mês o capital a ser remunerado envolve o montante anterior mais o juro daquele mês. Assim, se depois de três meses o montante é M, no quarto mês a dívida do tomador de empréstimo é M+j, com j calculado sobre o M do terceiro mês.

Exercício **P1.08**

Um homem foi contratado numa empresa para aumentar um produto (segmento) de tamanho inicial **h** em i = 4% ao dia, percentagem esta aplicada a cada dia sobre o total do dia anterior. Determinar o tamanho M do produto depois de:

A) d = 2 dias, com h = 8 m.

_________________ h

_________________ h+0,04*h = h(1+0,04)

_____________________ h(1+0,04)+0,04*h(1+0,04) =

= h(1+0,04)(1+0,04)

Resolução: M = [h*(100% + i)](100% + i) =

= 8(1+0,04)(1+0,04) = 8*1,04*1,04 = 8*1,0816 = 8,6528.

Resp.: M = 8,6528 m.

B) d = 1 dia, com h = 9 m. C) d = 2 dias, com h = 20 m. D) d = 3 dias, com h = 84 cm. E) d = 4 dias, com h = 2 m.

Para construir a fórmula de montante para juros compostos vemos que a cada período tiramos em evidência 100%+i, ou 1+i. Se o tempo é em dias, depois de dois dias teremos dois parênteses (1+i), depois de três dias, teremos três parênteses (1+i), e assim por diante. Assim, se o tempo é de **t** períodos, teremos o parêntesis (1+i) elevado à potência **t**, tudo isso partindo do capital C originalmente aplicado.

Nossa fórmula de montante será então:

$$M = C(1+i)^t$$

Exercício **P1.09**

Com um capital C aplicado a juros compostos de taxa i = 2% ao mês (a. m.), determinar o montante para um tempo de t meses.

A) C = \$700, t = 3 meses.

Resolução: $M = C(1+i)^t = 700(1+0,02)^3 = 700*1,02^3 = 700*1,061208 = 742,8456$. Resp.: M = 742,85. Obs.: (a) potência tem de ser calculada antes da multiplicação; (b) não arredonde antes da hora!

B) C = \$1.100, t = 2 meses. C) C = \$1.500, t = 3 meses. D) C = \$350, t = 4 meses. E) C = \$10.000, t = 1 mês.

Exercício **P1.10**

Um investidor aplicou um capital de \$6.000, a juros compostos de taxa **i**, durante **t** anos. Determinar o montante nos casos abaixo.

A) i = 1% a. a., t = 5 anos.

Resolução: $M = C(1+i)^t = 6000(1+0,01)^5 = 6000*1,01^5 = 6000*1,0510100501 = 6306,0603006$. Resp.: M = 6306,06. (Note que o acréscimo, 306,06, juros sobre o capital de 6000, é compatível com a taxa i = 1% a.a. Em ordem de grandeza.)

B) i = 2% a. a., t = 4 anos. C) i = 3% a. a., t = 2 anos. D) i = 5% a. a., t = 4 anos. E) i = 2% a. a., t = 3 anos.

Exercício **P1.11**

Um investidor tem um capital C para aplicar por 4 meses num banco que paga taxa **i** de juros compostos. Calcular o montante em cada caso.

A) C = \$500, i = 3,5% a.m.

Resolução: $M = C(1+i)^t = 500(1+0,035)^4 = 500*1,035^4 = 500*1,147523000625 = 573,7615003125$.

Resp.: M = \$573,76.

B) C = \$300, i = 5% a.m. C) C = \$850, i = 2,5% a.m. D) C = \$1.000, i = 1,5% a.m. E) C = \$900, i = 2% a.m.

Exercício **P1.12**

Aplicado um dado capital C, a uma taxa de juros **i**, por 2 meses, determinar o valor de C nos casos abaixo sabendo que o montante obtido foi M = \$1200.

A) i = 5% a.m.

Resolução: $M = C(1+i)^t \Leftrightarrow 1200 = C(1+0,05)^2 \Leftrightarrow 1200 =$ $= C*1,05^2 \Leftrightarrow 1200/1,05^2 = C \Leftrightarrow C = 1200/1,1025 =$ $= 1088,435374...$ Resp.: $C \approx 1088,44$.

B) i = 2% a.m. C) i = 4% a.m. D) i = 6% a.m. E) i = 1% a.m.

Exercício **P1.13**

Um capital de \$800 foi aplicado a uma taxa de juros **i**, por 2 meses. Determinar o valor da taxa **i** conhecendo o montante obtido nos casos abaixo.

A) M = \$2400.

Resolução: $M = C(1+i)^t \Leftrightarrow 2400 = 800(1+i)^2 \Leftrightarrow$ $\Leftrightarrow 2400/800 = (1+i)^2 \Leftrightarrow 3 = (1+i)^2 \Leftrightarrow (1+i)^2 = 3 \Leftrightarrow 1+i = \sqrt{3} \Leftrightarrow$ $\Leftrightarrow 1+i \approx 1,73205... \Leftrightarrow i \approx -1 + 1,73205... = 0,73205...$ Resp.: $i \approx 73,21\%$. (Obs.: neste exercício o estudante está autorizado a usar calculadora.)

B) M = \$1200 C) M = 1600 D) M = 1000 E) M = 3000

Exercícios suplementares

S1.01

Por três dias seguidos uma árvore que estava com 2 metros de altura cresceu 4% ao dia. Obter o valor total desse acréscimo em metros. Quanto por cento a árvore cresceu nesses três dias?

S1.02

Pinóquio emprestou a Ali Babá todas as suas moedas, no valor de \$200, a juros simples de 8% ao mês, por 11 meses. Calcular o juro e o montante que Pinóquio deveria receber ao fim do período.

S1.03

Júlia tomou emprestado um capital de $3000, a juros simples de 2% ao mês, para pagar em parcelas durante 10 meses. Determinar os juros e o montante.

S1.04

Um fabricante de peças precisou descontar no banco uma duplicata de valor de face n = $6.000, com 20 dias de antecipação. Sendo a taxa de juros de 4% ao mês, determinar o valor atual do documento.

S1.05

Um comerciante descontou no banco uma duplicata de valor de face $4.800, a juros de 3% ao mês, recebendo $4.200 como valor atual. Achar o prazo p da antecipação.

S1.06

Um homem começou a treinar corrida, sempre pelo mesmo tempo diário, tendo vencido no primeiro dia 20 m. A partir do segundo dia, ele avançou sempre 2% de acréscimo comparado ao dia anterior. Calcular quanto por cento ele aumentou o desempenho até o quarto dia e quantos metros ele correu nesse dia.

S1.07

Um cliente aplicou no banco um capital C = $10.000, à taxa de i = 1% ao mês, em juros compostos. Obter o montante depois de três meses.

S1.08

Um cidadão aplicou $10.000 a juros compostos de 3% a.a., durante 4 anos. Obter o montante alcançado.

S1.09

Marcos emprestou a um amigo a quantia de $9.000, a

juros compostos de 4% ao ano. Determinar o montante ao fim de quatro anos.

S1.10

Lucrécio aplicou um capital C por três anos, a juros compostos anuais de 5%, e obteve um montante de $8.740. Descobrir qual foi o capital C investido.

S1.11

Euclides aplicou um capital C = $8.000 por dois meses, a juros compostos mensais i, obtendo um montante de M = = $8.405. Descobrir a taxa mensal i.

Capítulo 2 – Tempo de rendimento dos juros

No capítulo anterior obtivemos, com a fórmula de montante para juros compostos, valores de capital, montante e taxa de juros. Para taxa de juros tivemos de fazer cálculos de raízes. Se queremos calcular tempo de aplicação a juros compostos, temos de utilizar um recurso mais avançado, que é a técnica dos logaritmos.

Obviamente, temos na prática tabelas prontas, que nos fornecem os valores, mas se o funcionário, o investidor ou o tomador de empréstimos não estudou logaritmos, estará trabalhando no escuro nesta questão. Convém saber o que está por trás dos resultados, principalmente no mercado financeiro.

Função exponencial

A função logarítmica é a inversa da função exponencial, que é mais simples, então começamos por esta.

Uma função inversa de $y = f(x)$ é uma função $x = f(y)$. Isto significa que os valores **x** do conjunto de partida (domínio) trocam de lugar com os valores **y** do conjunto de chegada (contradomínio).

Só é possível construir função inversa quando a função original é injetiva, isto é, cada valor **y** do conjunto de chegada tem apenas um correspondente **x** no domínio. Assim, a função $y=x^2$ não é injetiva, pois quando **x** vale 2 o resultado **y** é $(2)^2$, que dá 4, mas quando **x** vale -2, $(-2)^2$ também dá 4, de modo que temos dois valores de partida dando apenas um de chegada, que é o 4.

No entanto, se existem infinitas funções não injetivas ($y=x^2$, $y=|x|$, $y=x^t$...) também existem infinitas funções injetivas, como $y=x$, $y=x^3$, $y=6x$, $y=\log(x)$ e $y=tg(x)$. (Obs.: $y=\log(x)$ é logaritmo de x e $y=tg(x)$ é tangente de x).

Além de ser injetiva, com cada **y** sendo resultado de um **x** que deve ser único, para ser inversível a função também precisa ser sobrejetiva, ou precisa ser ajustada para atuar como tal. Sobrejetiva é uma função que não deixa sobrar sem uso nenhum elemento do conjunto de chegada. Se levarmos em conta que o contradomínio de $y=x^2$ é o conjunto de todos os números reais, positivos e negativos, então ela não é sobrejetiva, porque nenhum resultado será negativo, sobrando toda essa região da reta numérica. Mas a função $y=x^3$ é sobrejetiva nos reais, pois, por exemplo, $(2)^3$ dá 8 e $(-2)^3$ dá -8.

O conjunto dos valores efetivamente usados pela função no contradomínio é chamado de conjunto-imagem, ou simplesmente Imagem.

Podemos definir agora a função exponencial.

Função exponencial é a função $y=f(x)$ dada por $f(x)=a^x$, com x sendo qualquer valor da reta real, mas a base **a** valendo só para reais positivos descontando o número 1, isto é, $a \in R_+ - \{1\}$.

A base a não é domínio nem contradomínio, mas apenas um elemento na construção da função. Note que se o valor for 1, o resultado será valor constante, $y=1$, não uma curva exponencial. E a exclusão da região negativa da reta nela dá-se por vários motivos, sendo um deles a necessidade de fazê-la inversível. Tomando só valores positivos para **a**, o resultado $y=a^x$ será sempre positivo, mesmo que **x** seja negativo, o que será de grande utilidade mais à frente.

Devemos observar também que quando **a** é maior que 1, a função será *crescente* (i. e., cada vez que tomamos um número maior do lado dos valores de **x**, obtemos um número também maior no lado dos valores de **y**) e quando a está entre 0 e 1, a função será *decrescente*., i. e., tem valores diminuindo à medida que os valores de **x** crescem, e vice-versa. Por exemplo, na função $y=(1/2)^x$, que tem base menor que 1, fazendo $x=2$ teremos resultado 1/4, mas aumentando o valor de **x** para 3, teremos resultado 1/8, que é metade do anterior.

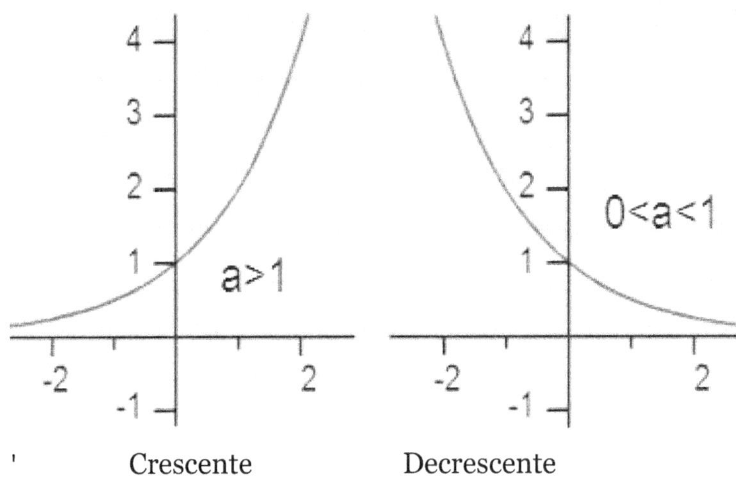

Crescente   Decrescente

(A função exponencial)

Exercício **P2.01**

Calcular o resultado y para três valores do domínio, 1, 2, e 3, em cada função exponencial abaixo.

A) $y=3^x$.

Resolução:

$f(1) = 3^1 = 3,$
$f(2) = 3^2 = 3{*}3 = 9,$
$f(3) = 3^3 = 3{*}3{*}3 = 27.$

B) $y=2^x$ C) $y=4^x$ D) $y=(1/2)^x$ E) $y=(3/2)^x$

Exercício **P2.02**

Aplicando três valores crescentes de x, -1, 0 e +1, verificar se a função dada é crescente ou decrescente.

A) $y=(1/3)^x$

Resolução:

$f(-1) = (1/3)^{-1} = (3)^1 = 3,$

$f(0) = (1/3)^0 = 1,$

$f(1) = (1/3)^1 = 1/3$. A função é decrescente.

Obs.: este tipo de verificação vale apenas para funções monotônicas, isto é, que crescem sempre ou que decrescem sempre.

B) $y = 2^x$ C) $y = 3^x$ D) $y = (1/2)^x$ E) $y = (4/3)^x$

Equação exponencial

Sabendo que a função exponencial é injetiva, podemos resolver equações cujos membros sejam funções exponenciais simplesmente comparando os argumentos. Por exemplo, se 2^x é igual a 2^k, então **x** tem de ser igual a **k**, pois cada valor de **y** resulta de um valor único de **x**.

Convém recordar do ensino fundamental as propriedades de potência, que valem para função exponencial: (i) potência da soma: $a^{x+y} = (a^x)*(a^y)$, (ii) potência da diferença: $a^{x-y} = (a^x):(a^y)$, (iii) potência de potência: $(a^x)^y = a^{x*y}$, (iv) potência de negativo: $a^{-n} = (1/a)^n$, (v) potência de fração (raiz pê-ésima de a^n): $a^{n/p} = \sqrt[p]{(a^n)}$.

Tomemos o exemplo a seguir. Escrever como potência única, de expoente positivo, os valores: (a) $(3^5)*(3^4)$, (b) $(5^8):(5^2)$, (c) $(2^5)^3$, (d) 3^{-4}, (e) $\sqrt{(7^3)}$, (f) $(3/4)^{-6}$, (g) $(1/10)^{-3}$. Como não há mais abaixo exercício específico para revisar estas sete propriedades, convém prestar muita atenção, no parágrafo seguinte, aos resultados para estes exemplos.

As soluções serão: (a) $3^{5+4} = 3^9$, (b) $5^{8-2} = 5^6$, (c) $2^{5*3} = 2^{15}$, (d) $(1/3)^4$, (e) $\sqrt{(7^3)} = 7^{3/2}$, (f) $(4/3)^6$, (g) 10^3.

Exercício **P2.03**
Resolver cada equação exponencial abaixo.
A) $3^{x+2} = 3^{5-4x}$
Resolução (cortando o valor da base, 3, igualamos apenas os valores dos expoentes):

$$3^{x+2} = 3^{5-4x}$$
$$x+2 = 5-4x$$
$$x+4x = 5-2$$
$$5x = 3$$
$$x = 3/5. \quad S = \{3/5\}.$$

B) $2^{2x+1} = 2^{x-7}$ C) $5^{3-x} = 5^{7-2x}$ D) $2^{2x} = 2^5$ E) $7^{x^2-9x} = 7^{-20}$

Função logarítmica

Função logarítmica $y = \log_a x$ é a função **y** tal que $a^y = x$, com **x** pertencente a toda a reta real, mas base **a** pertencente aos reais positivos descontando o valor 1, i. e., $x \in R$, $a \in R_+ - \{1\}$.

O valor que agora é **y**, nos logarítmos, era o valor de **x** na função exponencial, e vice-versa. Domínio e Imagem trocaram de posição, mas a base **a** mantém-se no mesmo lugar, com os mesmos valores possíveis.

Para calcular determinado logaritmo usando a definição, recorremos à função inversa, trabalhando apenas com a forma exponencial.

Exercício **P2.04**
Calcular os logaritmos abaixo, pela definição.
A) $\log_2 16$.
Resolução:
$$\log_2 16 = y \Leftrightarrow 2^y = 16$$
$$2^y = 16 \text{ (obs.: fatoraremos 16 na base 2)}$$
$$2^y = 2^4$$
$$y = 4.$$
B) $\log_2 32$ C) $\log_3 9$ D) $\log_5 125$ E) $\log_2 (1/8)$

Toda a teoria dos logaritmos cabe nos dedos de uma mão. Calcular logaritmo significa calcular o expoente para uma dada potência, mas tudo isso resume-se em: uma definição, conforme acima, i. e., $y = \log_a x \Leftrightarrow a^y = x$, com as devidas restrições para a base **a**, e quatro propriedades, que vêm como resultado das propriedades de potência. São elas:

(1ª) logaritmo do produto: $\log_a(x*y) = \log_a x + \log_a y$,

(2ª) logaritmo do quociente: $\log_a(x/y) = \log_a x - \log_a y$,

(3ª) logaritmo da potência: $\log_a(x^p) = p*\log_a x$,

(4ª) mudança de base: $\log_b x = \log_a x / \log_a b$.

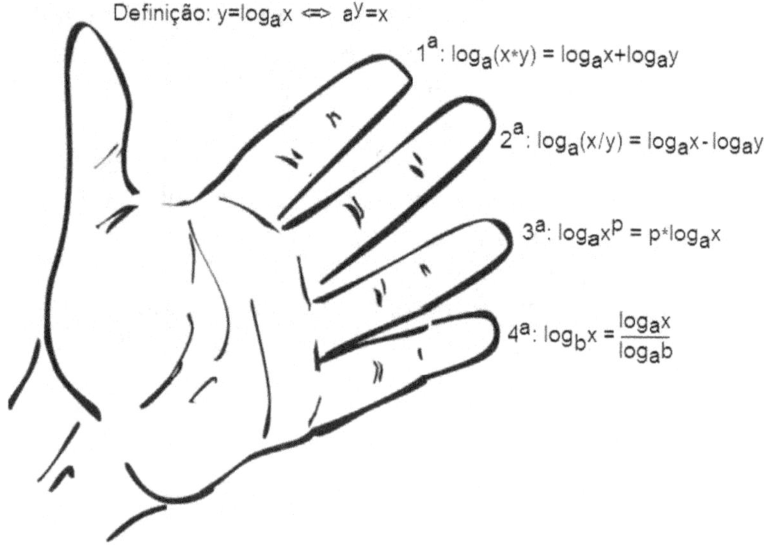

O papel das propriedades é facilitar o trabalho, muitas vezes fornecendo atalhos. Com a propriedade 1ª nós podemos "quebrar" o logaritmo de um valor nos logaritmos dos fatores desse valor. O mesmo vale para a propriedade 2ª em relação às componentes da divisão. Pela propriedade 3ª, em vez de calcular a propriedade de uma potência, simplesmente podemos calcular o logaritmo de sua base e multiplicar o resultado pelo expoente. A propriedade 4ª, que muitos acham de pouca utilidade, pelo contrário, tem grande importância, pois ela nos permite passar qualquer logaritmo para uma base dada, que quase sempre é a base 10. As tabelas de logaritmos são quase sempre nessa base, para os chamados logaritmos decimais. Se alguém nos pede para calcular o valor aproximado, por exemplo, de $\log_5 7$, podemos mudar essa base de 5 para 10 e buscar o valor na tabela. Os logaritmos de base 10 são tão especiais que dispensam a escrita do número 10 no lugar da base. Assim, $\log_{10} x$ é escrito como $\log x$, e todos saberão que a base é 10.

Assim como ocorre com a função exponencial, função logarítmica de base **a** maior que 1 é *crescente*, enquanto que com base **a** entre 0 e 1, $0<a<1$, ela é *decrescente*.

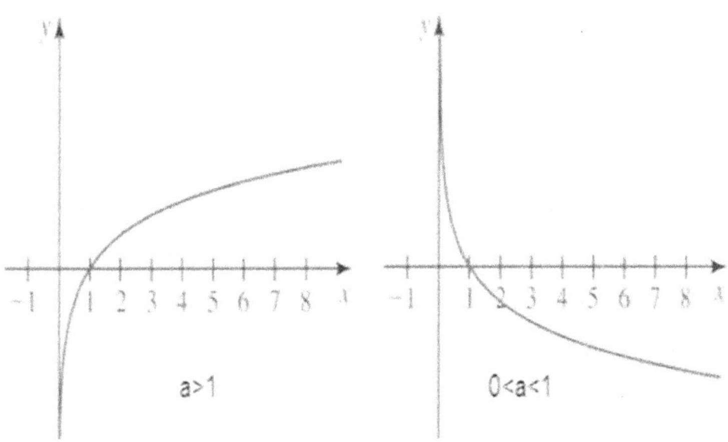

Crescente   Decrescente

(*A função logarítmica*)

Também podemos demonstrar facilmente quatro fatos básicos muito úteis no trato com os logaritmos: (a) $\log_a 1 = 0$, (b) $\log_a a = 1$, (c) $\log_a x = \log_a y \Leftrightarrow x = y$, e (d) $a^{\log_a(x)} = x$.

Com isso, vimos que logaritmo da unidade é 0, logaritmo

da base é 1, logaritmo é função injetiva e, finalmente, a base elevada ao logaritmo é igual ao logaritmando.

Mantissa. O valor de um logaritmo de base dez, que é costumeiramente obtido numa tabela, ou numa calculadora, consta de uma parte inteira, antes da vírgula, e uma parte "quebrada". O valor inteiro chama-se característica, enquanto que a parte dos decimais, que vem depois da vírgula, chama-se *mantissa*.

Na expressão $\log 1850 \approx 3{,}26717$, a característica é 3 e a mantissa é 0,26717. Uma mantissa é um valor não negativo. Se o valor de um logaritmo decimal é negativo, o trecho que está antes da vírgula não é a característica e o trecho que está após a vírgula não é ainda a mantissa. Temos de aplicar um pequeno truque para obtê-las.

Por exemplo, $\log 0{,}028 \approx -1{,}55284$. Quanto valem a característica e a mantissa deste logaritmo?

O que temos aí é $-1 + (-0{,}55284)$. Para achar a mantissa, somamos 1 a essa parte decimal, que está entre parênteses. Para que o valor do logaritmo não seja alterado, somamos -1 ao número, mas agora na parte inteira.

Assim, $\log 0{,}026 \approx -1-1+(+1{,}0 - 0{,}5528) = -2+(0{,}44716)$.

A característica é -2 e a mantissa é 0,44716. Esta operação é importante para o caso de querermos descobrir o logaritmando (argumento) de um logaritmo quando o que nos é dado é o valor final dele.

Consulta. Uma tabela de logaritmos decimais compõe-se em geral de uma primeira coluna de números de dois dígitos e dez colunas de mantissas, sem a vírgula inicial, que é subentendida. No topo das dez colunas de mantissas têm-se algarismos de 0 a 9 **(pág. 147)**.

O que significa isso?

Essa primeira coluna de número de dois dígitos é a coluna dos argumentos, dos valores de **x**, ou **n**. Mas não ficamos limitados a números de dois dígitos, pois os dez algarismos sobre as colunas das mantissas são complementos da primeira coluna. Se tomamos na primeira coluna o argumento 23, podemos andar para a direita até, por exemplo, a sexta coluna de mantissas. Acima dela está o algarismo 5 (a contagem começa com o algarismo 0). Então nós estamos olhando no cruzamento dessa linha 23 com a coluna encimada pelo 5 o logaritmo decimal de 2,53. Sim, uma vez que entendemos as mantissas iniciadas por uma vírgula, os números dos argumentos na primeira coluna são entendidos como valores entre 1,0 e 9,9, isto é valores com vírgula após o primeiro dígito.

Por exemplo, quanto vale log6,92? Olhamos a linha 69 da tabela e seguimos para a direita, passando pela coluna do 0 e pela coluna do 1, fixando-nos na coluna do 2. Acharemos aí a mantissa ,84011. Assim, log6,92 ≈ 0,84011.

Estamos agora muito hábeis em localizar na tabela logaritmos de valores entre 1,00 e 9,99. Como fazemos para descobrir logaritmos de argumentos fora dessa faixa?

Científica. Aqui está uma das grandes vantagens de usar-se a tabela em lugar de simples calculadora. Para usar a tabela somos levados a praticar a *notação científica* dos números, enquanto que a calculadora nos oferece o valor pronto, sem demandar de nós nenhum raciocínio a não ser aquele envolvido no pressionar as teclas.

Se buscamos na calculadora log430, receberemos o valor aproximado de 2,63347. Na tabela, sabemos já como achar log4,3. Então como chegar a log430?

Simplesmente escrevemos log430 = log(4,3*10^2). Como a vírgula "andou" duas casas para a esquerda de 430, reduzindo em duas ordens esse coeficiente, acrescentamos o expoente 2 à potência de 10.

Teremos: log430 = log(4,3*10^2) = log4,3+log10^2 = = log4,3+2log10 = log4,3 + 2.

(Utilizamos acima a propriedade 1ª, a propriedade 3ª e o fato de que $\log_a a = 1$.)

Agora é só ir à tabela: $\log 430 = \log 4{,}30 + 2 \approx 0{,}63347 + 2 =$
$= 2{,}63347$.

E para um argumento menor que 1, como faremos?

Busquemos o valor de $\log 0{,}00783$.

Temos: $\log 0{,}00783 = \log(7{,}83 * 10^{-3})$. Aqui, a vírgula "andou" para a direita, três casas, aumentando o valor do coeficiente, o que significa que tivemos de diminuir em 3, de 0 para -3, o expoente da potência de 10.

Finalmente:

$\log 0{,}00782 = \log(7{,}83 * 10^{-3}) = \log 7{,}83 + (-3)\log 10 \approx$
$\approx 0{,}89376 + (-3) = -2{,}10624$.

(No logaritmo acima, a característica é -3 e a mantissa é 0,8938, mas depois de feita a operação de adição com essas duas parcelas, os digitos são outros. Característica e mantissa ficam preservadas nos logaritmos positivos, como no exemplo anterior, mas não nos logaritmos de resultado negativo.)

Exercício **P2.05**
Escrever como logaritmo de um único número os logaritmos decimais abaixo.

A) $\log 35 - \log 7$

Resolução: $\log 35 - \log 7 = \log(35/7) = \log 5$. (Propr. 2ª)

B) $\log 20 - \log 5$ C) $\log 7 + \log 11$ D) $\log 30 - \log 6$ E) $\log 4 + \log 9 - \log 12$

Exercício **P2.06**
Levando em conta que $\log_a a = 1$, e $\log_a 1 = 0$, calcular o valor dos logaritmos abaixo, usando a propriedade 3ª.

A) $\log_3 9$.

Resolução: $\log_3 9 = \log_3 3^2 = 2 * \log_3 3 = 2 * 1 = 2$.

B) $\log_5 25$ C) $\log_3 27$ D) $\log_7 7^8$ E) $\log_2 64$

Exercício **P2.07**

Escrever em termos de logaritmos de base decimal o logaritmo dado abaixo.

A) $\log_9 5$.

Resolução: $\log_9 5 = \log 5/\log 9$ (propr. 4ª)

B) $\log_5 11$ C) $\log_2 3$ D) $\log_7 2$ E) $\log_3 19$

Exercício **P2.08**

Calcular, usando a tabela, com x<10, os logaritmos decimais abaixo.

A) $\log 14$.

Resolução: $\log 14 = \log 2 + \log 7 \approx 0,30103 + 0,84510 = = 1,14610$.

B) $\log 35$ C) $\log 15$ D) $\log 64$ (propr. 3ª) E) $\log 21$ F) $\log 81$.

Exercício **P2.09**

Obter a fração que representa o valor aproximado do logaritmo dado.

A) $\log_7 8$.

Resolução: $\log_3 8 = \log 8/\log 7 \approx 0,90309/0,84510 = = 90309/84511$ (obs.: propr. 4ª).

B) $\log_9 7$ C) $\log_2 7$ D) $\log_5 3$ E) $\log_4 9$

Exercício **P2.10**

Calcular o valor dos seguintes logaritmos decimais.

A) $\log(10/7)$.

Resolução: $\log(10/7) = \log 10 - \log 7 \approx 1,0 - 0,84510 = = 0,15490$ (obs.: $\log_a(a)=1$).

B) $\log(10/3)$ C) $\log(1/7)$ D) $\log(100/9)$ E) $\log(2/5)$ F) $\log(1/30)$

Exercício **P2.11**

Encontrar na tabela o logaritmo abaixo.

A) $\log 0,0587$.

Resolução:

$\log 0,0587 = \log[5,87*10^{-2}] = \log 5,87 + (-2)\log 10 -=$

= 0,76864+(-2) = -1,23136.

B) log0,716. C) log47,2. D) log0,0023. E) log83000.

Tempo de aplicação

O caso mais comum de aproximação de números para ordens mais altas é o arredondamento, mas em certos casos precisamos aproximar pelo teto (y=*ceil*(x)) ou, ainda, pelo piso (y=*floor*(x)).

Assim, se temos de escrever 7,48 até a casa dos décimos, o arredondamento dá 7,5. O piso fica 7,4, enquanto que o teto dá 7,5. Se o valor é 7,53, o arredondamento dá 7,5, o piso dá 7,5, e o teto dá 7,6.

Se estamos calculando tempo de aplicação a juros compostos, a aproximação do resultado, quando necessária, deve ser tomada pelo teto, pois, do contrário, faltará tempo para completar o rendimento que buscamos.

Se queremos saber por quanto tempo temos de manter aplicado um dado capital para obter um montante desejado, precisamos lançar mão dos logaritmos, por causa de sua propriedade 3ª, que permite "derrubar" o expoente, transformando-o num mero fator.

Exercício **P2.12**
Investindo-se um capital C = \$500, descobrir o necessário número de meses de aplicação para se obter o montante M, a uma taxa de juros **i**.
A) M = \$1000, i=3% a.m.
Resolução:

$$M = C(1+i)^t$$
$$1000 = 500(1+0,03)^t$$
$$1000/500 = (1+0,03)^t$$
$$2 = 1,02^t \text{ (obs.: aplicaremos logaritmo a ambos os membros)}$$
$$\log 2 = \log(1,03^t)$$

$\log 2 = t^*\log(1,03)$ (pela propriedade 3ª)

$0,30103 \approx t^*0,01284$ (valor da tabela – fim do livro)

$t \approx 0,30103/0,01284 = 30103/1284 \approx 23,49922$. Resp.: $t = 24$ meses.

B) $M = \$1000$, $i=2\%$ a.m. C) $M = \$750$, $i=4\%$ a.m. D) $M = \$1500$, $i=5\%$ a.m. E) $M = \$800$, $i=2\%$ a.m.

Exercício **P2.13**

Temos capital disponível e queremos investir certa quantia para que dentro de **t** anos, a juros compostos **i**, alcancemos um montante de ao menos $4000. Obter o número necessário **t** de anos, em valor inteiro.

A) $C = \$2000$, $i = 4\%$ a.a.

Resolução:

$M = C(1+i)^t$

$4000 = 2000(1+0,04)^t$

$4000/2000 = (1+0,04)^t$

$2 = 1,04^t$

$\log 2 = \log(1,04^t)$

$\log 2 = t^*\log(1,04)$

$0,30103 \approx t^*0,01703$

$t \approx 0,30103/0,01703 = 30103/1703 \approx 17,67645...$

Resp.: $t = 18$ anos.

B) $C = \$2500$, $i = 3\%$ a.a. C) $C = \$3200$, $i = 2\%$ a.a. D) $C = \$1000$, $i = 6\%$ a.a. E) $C = \$2352,94$, $i = 4\%$ a.a.

Exercício **P2.14**

Um investidor aplicou $800 e obteve um montante M após 4 meses. Determinar a taxa **i** de juros mensais nos casos abaixo.

A) $M = \$848$.

Resolução:

$M = C(1+i)^t$

$848 = 800(1+i)^4$

$848/800 = (1+i)^4$

$1,06 = (1+i)^4$

$\log 1,06 = \log[(1+i)^4]$

$0,02531 \approx 4*\log(1+i)$

$\log(1+i) = 0,02531/4$

$\log(1+i) = 0,0063$ (pegaremos o mais próximo: 0,0065)

$i+i \approx 1,015$

$i = 1,015 - 1 = 0,015$. Resp.: i = 1,5%.

B) M = \$864. C) M = \$900. D) M = \$832. E) M = \$960

Tabela

x	1,01	1,015	1,02	1,045	1,05	1,125	1,2
logx	,0043	,0065	,0086	,0191	,0212	,0512	,0791

Igualdade de Fisher

Até aqui vínhamos trabalhando com a taxa de juros **i**, que é a *taxa nominal*. Assim, se o investidor aplica hoje uma quantia de \$1000 e daqui a 11 meses ele obtém um montante de \$1140, estávamos considerando que ele ganhou \$140 em rendimentos de juros. A situação referia-se a uma moeda ideal, sem *inflação*.

Num mercado em que a moeda sofre depreciação, que chamamos inflação, esse rendimento que o investidor obteve tem valor menor que aqueles \$140 que ele realmente ganharia se a inflação fosse nula.

Para obter o valor da *taxa de juro real* **r**, a partir da taxa de juro nominal **i**, levando em conta a ação da inflação esperada, representada pela letra π, o economista Irving Fisher desenvolveu no início do século XX a relação que atualmente chamamos *Igualdade de Fisher*.

$1+i = (1+r)*(1+\pi)$

Por exemplo, um cliente tem uma quantia de \$900 para aplicar por um ano e quer analisar a proposta de dois bancos distintos, o banco A, que oferece 20% de juros nominais (i), e o banco B, que oferece 6% de juros reais (r) e a correção da inflação do período. Qual banco apresenta maior vantagem e em que situação?

$$1+i = (1+r)*(1+\pi)$$
$$900*(1+0,20) = 900*(1+0,06)*(1+\pi)$$
$$(1+0,06)*(1+\pi) = (1+0,20)$$
$$1+\pi = 1,20/1,06 \approx 1,132075...$$
$$\pi \approx 1,1321- 1,0 = 0,1321 = 13,21\%.$$

A conclusão é que o banco B é traz mais vantagem se a inflação do ano for maior que 13,21%.

Exercício **P2.15**

O mercado financeiro paga 15% ao ano de taxa nominal de juros, mas um novo banco oferece pagar **r** de taxa real de juros, com correção da inflação. Descobrir a partir de que índice de inflação do ano convém investir um dado capital C nesse novo banco.

A) r = 4%.

Resolução:

$$1+i = (1+r)*(1+\pi)$$
$$C*(1+0,15) = C*(1+0,04)*(1+\pi)$$
$$(1+0,04)*(1+\pi) = (1+0,15)$$
$$1+\pi = 1,15/1,04 \approx 1,1057692...$$
$$\pi \approx 1,1058- 1,0 = 0,1058 = 10,58\%.$$

B) r = 3,5% C) r = 5% d) r = 3% E) r = 4,7%.

Exercício **P2.16**

Se o índice esperado de inflação é 12% para o ano em questão, determinar a partir de que valor de taxa nominal de juros oferecida pelo mercado este pode superar a vantagem de um banco que oferece juro real **r**, com correção da inflação.

A) r = 5%.

Resolução:

$$1+i = (1+r)*(1+\pi)$$

$C*(1+i) = C*(1+0,05)*(1+0,12)$
$1+i = (1+0,05)*(1+0,12)$
$1+i = 1,05*1,12 = 1,176.$
$i = 1,176 - 1,0 = 0,176 = 17,6\%.$
B) r = 4,5% C) r = 3,5% d) r = 4% E) r = 4,2%.

Taxa discreta e taxa contínua

No mercado financeiro estamos quase sempre tratando de *taxa discreta* de juros, isto é, taxa capitalizada sobre um período dado. Mas podemos determinar também a *taxa contínua* de juros, a partir de sua relação com a taxa discreta:
$$Ic = \ln(1 + Id)$$

A fórmula diz que a taxa contínua, Ic, é o logaritmo natural (ou neperiano) de 1 mais a taxa discreta Id. Logaritmo natural, $y = \ln(x)$, é o logaritmo na base e, constante de Euler ($e = 2,1782818...$). Então $y = \ln(x)$ é o mesmo que $y = \log_e(x)$.
Usando a função inversa do logaritmo, podemos obter a taxa discreta a partir da taxa contínua, com a fórmula:
$$Id = -1 + e^{Ic}$$

Vejamos um exemplo.
Se um dado investimento para taxa de juros i = 0,5% ao mês, taxa discreta, qual será a taxa contínua equivalente?
Temos:
$Id = 0,005$
$Ic = \ln(1+0,005) = \ln(1,005) \approx 0,004987544$
A taxa contínua de juros é, portanto, Ic = 0,4987544%.
Qual será a taxa contínua equivalente à taxa discreta Id = 25% ao ano?
Temos: $Ic = \ln(1+0,25) = \ln(1,25) \approx 0,2231436.$
A taxa contínua equivalente é Ic = 22,31436%
Vemos que o valor da taxa contínua é sempre um pouco menor que o da taxa discreta .

Para a taxa Ic = 0,4987544%, calculemos a taxa discreta equivalente.

Temos:

Id = -1 + $e^{0,004987544}$ = -1 + 1,0050000025 ≈ 0,005 = 0,5%.

Para, a partir da taxa contínua ou da taxa discreta, achar a taxa real de juros, considerando a inflação, com vistas a evitar "ilusão monetária", fazemos:

$r = i - \pi$, para taxa contínua.

$1+r = (1+i)/(1+\pi)$, para taxa discreta.

(Esta segunda fórmula é a igualdade de Fisher, que vimos acima.)

Exercício **P2.17**

Descobrir a taxa contínua equivalente à taxa discreta mensal dada.

A) i = 3%.

Resolução:

Ic = ln(1+0,03) = ln(1,03) ≈ 0,0295588

Resp.: Ic = 2,95588%.

B) i = 0,2. C) i = 6%. D) i = 0,08%. E) i = 10%.

Valor Presente Líquido

O *valor presente* P num investimento corresponde ao capital C, considerando-se o momento em que a aplicação é feita. O montante M esperado é, dessa forma, o *valor futuro*, F.

A fórmula do valor futuro é, portanto, a mesma do montante:

$F = P*(1+i)^t$

P|______________t
          | F   Valor futuro: capitalização.

Para o valor presente, basta isolar o valor P:

$$P = \frac{F}{(1+i)^t}$$

P|________________t   Valor presente: desconto.

| F

Se temos um fluxo de caixa produzindo um dado valor, este será visto como *valor presente líquido*, Vpl, ou valor atual líquido, que é o somatório dos diversos valores presentes:

$$Vpl = -Io + \sum \frac{Ct}{(1+r)^t}$$

(Io é valor do investimento.)

C1   C2   C3   Ct
___|___|___| ... ___|
Vpl |

Para um exemplo, suponhamos que um banco nos oferece um plano em que investimos $100.000 durante quatro anos, a uma taxa de desconto **r** de 2% a.a., com ganhos de $10 mil, $20 mil, $50 mil e $60 mil nos anos sucessivos. Qual será o valor presente líquido?

10 mil   20 mil   50 mil   60 mil
_______|_______|_______|_______|
|
100 mil

Temos:

$$Vpl = -Io + \sum \frac{Ct}{(1+r)^t} = -Io + C1/(1+r)^1 + C2/(1+r)^2 + ...$$

$+Ct/(1+r)^t$

Assim teremos:

$Vpl = -100000 + 10000/(1+0,02)^1 + 20000/(1+0,02)^2 +$

$+50000/(1+0,02)^3 + 60000/(1+0,02)^4 =$

$= -100000 + 10000/1,02^1 + 20000/1,02^2 + 50000/1,02^3 +$

$+ 60000/1,02^4 \approx$

$\approx -100000 + 10000/1,02 + 20000/1,0404 +$

$+ 50000/1,061208 + 60000/1,082432 \approx$

$\approx -100000 + 9803,920 + 19223,376 + 47116,117 +$

$+ 55430,733 = -100000 + 131574,146 = 31574,146$

$Vpl \approx \$31.574,15$

O valor presente líquido será \$31.574,15, que é uma cifra positiva, representando, portanto, um ganho para o investidor.

Um dos usos mais comuns do cálculo do valor presente líquido está na comparação entre tipos diversos de investimentos. Dois bancos nos oferecem planos para que invistamos neles. Obtendo o valor presente líquido de cada um dos dois casos, poderemos facilmente decidir qual oferta é mais vantajosa.

Para obter na tabela uma dada potência, em valor aproximado, basta usar uma propriedade da função logarítmica e sua condição de injetividade. Por exemplo, para achar $1,02^3$, fazemos:

$\log x = \log 1,02^3 = 3{*}\log 1,02 \approx 3{*}0,00860 = 0,0258.$

Agora é só procurar essa mantissa e ver que valor de **x** (na primeira coluna seguido do complemento) fornece-a. Vemos que ela está na linha 10 sob a coluna 6, de modo que:

$\log 1,06 \approx \log 1,02^3 \Leftrightarrow 1,02^3 \approx 1,06.$

Poderíamos ter feito todas as potências, portanto, através da tabela, mas perderíamos muito da precisão, pelos arredondamentos drásticos. Por isso preferimos sugerir ao estudante, sem prejuízo do aprendizado, obter diretamente na calculadora financeira a potência de expoente negativo - com a potência levada para o numerador -, pegando uma aproximação conveniente, que no caso envolveu seis dígitos depois da vírgula.

Devemos lembrar que a calculadora financeira faz todo o cálculo de valor presente líquido automaticamente, bastando alimentá-la com os dados. Mas, se o estudante não resolver passo a passo o problema, como neste exemplo, não terá como saber o que a calculadora está fazendo. Será um servo dela, e não o contrário.

Exercício **P2.18**

Um investidor aplica certa quantia P, a juros de 4% a.a., por 3 anos, esperando chegar a um montante F, valor futuro. Determine o valor presente P nos casos abaixo.

A) F = \$1012,38.

Resolução:

$$P = \frac{F}{(1+i)^t}$$

P = 1012,38/[(1+0,04)³] = 1012,38/(1,04³) = 1012,38/1,124864 -= = 900,00

Resp.: P ≈ \$900.

B) F = \$1237,36. C) F = \$2000. D) F = \$1800 E) F = \$1203,61

Exercício **P2.19**

Um banco oferece aos investidores um plano em que, frente a um depósito de \$10.000, paga taxa de desconto (ou TIR, taxa interna de retorno) **r** de 4% a.a., taxa de mercado, por três anos. Obter o valor presente líquido para os valores de resgate dados abaixo para o primeiro, o segundo e o terceiro anos, respectivamente.

A) \$2000, \$4000 e \$6000.

Resolução:

$$Vpl = -Io + \frac{ECt}{(1+r)^t}$$

Vpl = -Io + C1/(1+r)¹+C2/(1+r)²+.Ct/(1+r)³.

$$Vpl = -10.000 + 2000/(1+0,04)^1 + 4000/(1+0,04)^2 +$$
$$+ 6000/(1+0,04)^3 =$$
$$= -10.000 + 2000/1,04^1 + 4000/1,04^2 + 6000/1,04^3 =$$
$$= -10.000 + 2000/1,04 + 4000/1,0816 + 6000/1,124864 =$$
$$= -10.000 + 1923,076923 + 3698,224852 + 5333,978152 \approx$$
$$\approx -10.000 + 10.955,28 = 955,28.$$

Vpl $\approx$ \$955,28. Um ganho positivo para o cliente.

B) \$1000, \$4000 e \$8000. C) \$2000, \$5000 e \$6000. D) \$3000, \$4000 e \$5500. E) \$2000, \$5000 e \$6400.

Exercício **P2.20**

Num mercado que paga taxa de retorno de 3% a.a., um dado banco oferece, a um cliente que tem \$30.000 para aplicar, resgates no primeiro e no segundo anos que resultam num valor presente líquido de \$3.443,30. Dos outros bancos a seguir, que oferecem os resgates abaixo, decidir quais garantem maior rendimento ao cliente e quais rendem menos.

A) \$15.000 e \$20.000.

Resolução:

$$Vpl = -Io + C_1/(1+r)^1 + C_2/(1+r)^2.$$
$$Vpl = -30000 + 15000/1,03^1 + 20000/1,03^2 =$$
$$= -30000 + 15000/1,03 + 20000/1,0609 \approx$$
$$\approx -30000 + 14563,107 + 18851,918 =$$
$$= -30000 + 33415,025 \approx 3415,025.$$

Vpl $\approx$ \$3.415,03. Rendimento menor.

B) \$16.000 e \$19.000. C) \$17.000 e \$18.000. D) \$14.000 e \$22.000. E) \$14.000 e \$21.000

Exercícios suplementares

S2.01

Para os valores 1, 2 e 4 do domínio, obter cada resultado y da função exponencial $y = 5^{-2}$.

S2.02

Manuel tem um capital C para investir num banco que paga taxa **i** anual. Se ele fizer o investimento por 3 anos, obterá montante de \$21.854,54. Se ele investir só por 2 anos, o montante será de \$21.218. Qual é o valor do capital C e qual é a taxa de juros **i**?

(Obs.: O estudante terá um sistema multiplicativo, então é só pôr a primeira equação sobre a segunda e simplificar.)

S2.03

Resolver a equação exponencial $(1/2)^{7-2x} = (1/2)^{4x-5}$.

S2.04

Calcular, usando a definição, os logaritmos abaixo.

a) $\log_2 64$ b) $\log_3 81$ c) $\log_{(1/5)} 5$.

S2.05

Escrever como logaritmo de um único número os logaritmos abaixo.

a) log2 + log6   b) log33 – log11   c) log2 + log6 - log3

S2.06

Calcular os logaritmos abaixo usando a propriedade 3ª.

a) $\log_3 243$ b) $\log_5 25$ c) $\log_{11} 121$

S2.07

Escrever na forma de logaritmos de base 10 cada logaritmo abaixo.

a) $\log_5 7$ b) $\log_{11} 3$ c) $\log_{13} 12$ d) $\log_3 2$

S2.08

Usando os valores da tabela para x<10, calcular os logaritmos abaixo.

a) log6   b) log12 c) log45 d) log24

S2.09

Dar a fração que representa a aproximação do logaritmo.
a) $\log_3 7$ b) $\log_5 7$ c) $\log_2 5$ d) $\log_{11} 3$

S2.10

Usando a propriedade 2ª, calcular cada logaritmo decimal abaixo.
a) $\log(3/10)$ b) $\log(7/5)$ c) $\log(5/3)$ d) $\log(7/9)$

S2.11

Obter, usando a tabela, cada logaritmo abaixo.
a) $\log 0{,}00356$ b) $\log 85400$ c) $\log 0{,}0149$ d) $\log 9420000$

S2.12

Para um investimento de C = \$1.200, a juros compostos de 0,4% ao mês, descobrir o necessário número inteiro de meses para que o montante seja de pelo menos M = \$1.600.

S2.13

Descobrir o número inteiro de anos para que um capital C = \$10.000, aplicado a juros de 4% ao ano, produza um montante de pelo menos \$13.000.

S2.14

Descobrir a taxa **i** de juros mensais, compostos, para que um capital de \$6.000, aplicado durante cinco meses, leve a um montante de \$7.200.

S2.15

Um banco paga a investidores taxa nominal de juros de 10% ao ano. Um novo banco oferece taxa real anual de 8%. Descobrir a partir de que índice anual de inflação vale a pena investir no novo banco.

S2.16

A inflação esperada em dado ano é de 8%. Certo banco paga juros de taxa real r = 4%, com correção inflacionária. Calcular a partir de que valor de taxa nominal i outro banco poderá oferecer proposta melhor que esta para o cliente.

S2.17

Calcular que valor da taxa contínua equivale à taxa discreta mensal i = 2%.

S2.18

Marcelo investiu uma quantia P, a juros de 3% a.a., esperando alcançar, em 5 anos, um valor futuro F = $5.900. Descobrir o valor aplicado.

S2.19

Um investidor faz um depósito de $8.000 num plano que paga taxa de retorno r = 5% a.a. Obter o valor presente líquido para os valores de resgate de $4.200 e $4.600, respectivamente, no primeiro e no segundo anos.

S2.20

Moisés pretende aplicar num banco A, que paga taxa r = 4% a.a., a quantia de $16.000, pretendendo fazer resgates de $9.000 e $8.000 nos dois anos seguintes. Outro banco, o B, com a mesma taxa, sugere resgates de $8.000 e $9.200. Verificando o valor presente líquido nos dois casos, decidir qual dos dois bancos oferece maior vantagem a Moisés.

Capítulo 3 – Anuidades simples

Chama-se *anuidade* a toda sequência de pagamentos periódicos iguais. No Brasil é comum chamar anuidade de "série de pagamentos periódicos". Existem muitos tipos de anuidades, mas neste livro trataremos apenas das anuidades certas ordinárias. O tempo entre um pagamento e o seguinte chama-se *intervalo de pagamento.*

Uma anuidade é *simples* quando o cômputo dos juros, de taxa constante, faz-se sobre cada intervalo de pagamento

Uma anuidade diz-se *certa* quando os pagamentos têm datas fixadas para realizar-se. O oposto disso é a anuidade contingente, que se realiza em datas que dependem de acontecimentos cuja ocorrência é não prevista.

Uma anuidade é *ordinária* quando cada pagamento é realizado no fim do respectivo intervalo de pagamento

Vamos tomar como exemplo o caso de um trabalhador que autoriza o banco a depositar em conta de investimento uma parcela de \$100 por mês de seu salário, por 10 trimestres (dois anos e meio), a juros trimestrais de 1%.

Vejamos o que ocorre com a conta ao fim dos 2,5 anos.

Vencido o primeiro trimestre, o montante em sua conta é $M_9 = 100(1,01)^9$. Para o segundo trimestre, acrescenta-se $M_8 = 100(1,01)^8$, seguindo-se esta sequência até que no oitavo trimestre tem-se $M_1 = 100(1,01)^1$ e no último, o nono, $M_0 = 1000(1,01)^0$.

1	2	3	4	5	6	7	8	9

Temos:
$$M = M_0 + M_1 + M_2 + \ldots + M_9 = 100(1 + 1,01 + 1,01^2 + \ldots + 1,01^9).$$

A série dentro dos parênteses resulta numa progressão geométrica de 10 termos (n = 10), com razão q = 1,01 e a_1 = 1. Assim:

$S_n = a_1(1-q^n)/(1-q)$

$S_9 = 1(1 - 1{,}01^{10})/(1{-}1{,}01) \approx (1{-}1{,}104622125)/(-0{,}01) =$

$= -0{,}104622125/(-0{,}01) = 10{,}4622125/1 \approx 10{,}4622.$

O montante final será M $\approx$ \$100*10,4622 = \$1046,22.

Sem levar em conta inflação ou qualquer outro tipo de depreciação, podemos calcular o *valor presente* desses pagamentos.

Como a fórmula de montante é $M = C(1+i)^t$, cada valor de capital investido C trazido a valor presente será $C = M/[(1+i)^t]$, ou $C = M*(1+i)^{-t}$.

Para o primeiro pagamento, aquela primeira parcela de \$100, o valor presente é $C_1 = 100*(1{,}01)^{-1}$. Para a segunda parcela temos $C_2 = 100*(1{,}01)^{-2}$. Continuando com estas contas chegamos à última parcela, que tem valor presente $C_{10} = 100*(1{,}01)^{-10}$.

A soma dos sucessivos valores presentes, que dará o valor presente total A, de valor atual, será:

$A = C_1 + C_2 + C_3 + ... + C_{10} = 100*[(1{,}01)^{-1}+(1{,}01)^{-2}+(1{,}01)^{-3}+...+(1{,}01)^{-10}]$.

Se multiplicarmos as parcelas dentro dos colchetes por 1,01, formaremos uma progressão geométrica com $a_1 = 1$, $q = 1{,}01^{-1}$ (ou q = 1/1,01) e n = 10.

Então:

$A = (100/1{,}01)*[1+(1{,}01)^{-1}+(1{,}01)^{-2}+(1{,}01)^{-3}+...+(1{,}01)^{-9}]$

A soma da série dentro dos colchetes será:

$a_1 = a_1(1 - q^n)/(1 - q)$

$S_{10} = 1[1 - 1{,}01^{-1*10}]/(1{-}1/1{,}01) \approx$

$\approx (1{,}0 - 0{,}905286955)/[(1{,}01 - 1{,}0)/1{,}01] \approx$

$\approx 0{,}094713045/(0{,}01/1{,}01).$

Teremos:

$A \approx (100/1{,}01)*0{,}094713045/(0{,}01/1{,}01) =$

$\approx 100*0{,}094713045/0{,}01 =$

$= 100*0{,}094713045/[100^{-1}] = 100*0{,}094713045*100 =$

$= 10000*0{,}094713045 \approx 947{,}13.$

Assim, aquelas 10 parcelas de \$100 completam um valor presente de A = \$947,13 (notemos que isto é menos que o simples produto \$100*10 e equivale ao valor real do dinheiro, ante aquela taxa de juros, se ele estivesse sendo guardado sob o colchão).

Exercício **P3.01**

Tomemos o caso de uma pessoa que deposita por 1,5 ano (seis trimestres), numa conta investimento que paga juros **i**, a mesma quantia R, ao fim de cada trimestre. Descobrir o montante alcançado no fim do período, para os dados abaixo.

A) R = \$80, i = 6% a.a. (6%/4 = 1,5% por trimestre).

Resolução:

Pelo que vimos acima, o montante será:

M = R*Sn.

Neste exercício, n=6, $a_1 = 1$ e q = 1,015.

$S_n = a_1 (1 - q^n)/(1 - q)$

$S_6 = 1(1-1{,}015^6)/(1-1{,}015) \approx (1 - 1{,}0934432639)/(-0{,}015) =$

$= -0{,}0934432639/(-0{,}015) \approx 6{,}229551.$

$M \approx 80*6{,}229551$

$M \approx 498{,}36.$

B) R = \$90, i = 8% a.a. C) R = \$110, i = 4% a.a. D) R = \$80, i = 8% a.a. E) R = \$120, i = 6% a.a.

Exercício **P3.02**

Descobrir o valor presente em cada uma das situações do investimento do exercício anterior.

A) R = \$80, i = 6% a.a.

Resolução:

Vimos pelo exemplo acima que:

A = [R/(1+i)]*Sn.
Para este exercício, n = 6, a1=1 e q = 1/(1+i).
Temos:
S_n = a1(1 − q^n)/(1 - q)
S_6 = 1[1 − $1,015^{-6}$]/(1-1/1,015) ≈
    ≈ (1,0-0,914542193)/[(1,015-1,0)/1,015] ≈
    ≈ 0,085458/(0,015/1,015).
A = (80/1,015)*0,085458/(0,015/1,015) =
    = 80*0,085458/0,015 ≈ 5333,333*0,085458 ≈ 455,78.
    B) R = $90, i = 8% a.a. C) R = $110, i = 4% a.a. D)
R = $80, i = 8% a.a. E) R = $120, i = 6% a.a.

Fórmulas das anuidades

O valor R, quantia paga no fim de cada um dos períodos de uma anuidade, tem o nome de *pagamento periódico*. É costume usar também a notação Vn⌐i, que se lê "V ângulo **n** à taxa **i**", para denotar o total do valor presente da anuidade, e a notação Mn⌐i, que se lê "M ângulo **n** à taxa **i**", para denotar o montante final na anuidade (em lugar de Vn⌐i e Mn⌐i, são usados também An⌐i e Sn⌐i).

Construiremos fórmulas mais simples que as anteriores, embora um pouco menos intuitivas.

Com base no que estudamos até aqui,
Mn-1 = $R(1+i)^{n-1}$, Mn-2 = $R(1+i)^{n-2}$,...,
    M2 = $R(1+i)^2$, M1 = $R(1+i)^1$, Mo = R.
Temos também que:
Mn⌐i = Mo + M1 + M2 +...+ Mn-2 + Mn-1 =
    = R[1 + $(1+i)^1$ + $(1+i)^2$ +...+ $(1+i)^{n-2}$ + $(1+i)^{n-1}$]
    = R{[1 − $(1+i)^n$]/[1 - (1+i)]} = R{[$(1+i)^n$ − 1]/i}.
Assim,
    Mn⌐i = R{[$(1+i)^n$ − 1]/i}.
Ou: Mn⌐i = Rmn⌐i, se chamarmos [$(1+i)^n$ − 1]/i de mn⌐i.
Se o contexto não dá margem a confusões, dizemos

simplesmente:

$$M = R\frac{\left[(1+i)^n - 1\right]}{i}$$

Para a sequência dos valores presentes fazemos um trabalho análogo.

Temos:

$C_1 = R(1+i)^{-1}$, $C_2 = R(1+i)^{-2}$, ..., $C_{n-1} = R(1+i)^{-(n-1)}$, $C_n = R(1+i)^{-n}$.

An⌉i = $C_1 + C_2 + ... + C_{n-1} + C_n =$

$= R\{(1+i)^{-1} + (1+i)^{-2} + ... + (1+i)^{-(n-1)} + (1+i)^{-n}\} =$

$= R(1+i)[1 - (1+i)^{-n}]/[1 - 1/(1+i)] = R[1 - (1+i)^{-n}]/i.$

Assim,

An⌉i = $R[1 - (1+i)^{-n}]/i.$

Ou: An⌉i = Ran⌉i, se chamarmos $[1 - (1+i)^{-n}]/i$ de an⌉i.

O estudante deve notar que na fórmula para o valor futuro M o expoente é **n**, enquanto que na do valor presente A, cujo resultado geralmente é menor, temos expoente **-n**.

Aqui também, em não havendo confusão quanto ao contexto, escrevemos:

$$A = R\frac{\left[1-(1+i)^{-n}\right]}{i}$$

Exercício **P3.03**

Uma senhora investe numa conta bancária durante um ano, a juros de **i** anuais compostos mensalmente, uma anuidade de valor R, depositado no fim de cada mês. Descobrir o montante a ser obtido nos casos abaixo.

A) $i = 6\%$ a.a., $R = \$90$.

Resolução:

Taxa $i = 6\%$ a.a. com capitalização mensal dá $i = 0,5\%$ a.m. Aqui, $n = 12$.

$M = R*[(1+i)^n - 1]/i.$

$M = 90*[(1,005)^{12} - 1]/0,005 \approx$

$\approx 90*[1,0616778 - 1]/0,005 =$

$= 90*0,0616778/0,005 = 90*12,33556 = 1110,2004.$

Resp.: M = 1.110,20.

Observação:

Quando dizemos juros compostos "mensalmente", ou "semestralmente", ou "trimestralmente", temos de dividir aquela taxa dada como anual por 12, por 6 ou por 3. Trata-se de uma simplificação feita para efeitos práticos, pois compor 0,5% durante 12 meses não resulta em 6%, mas em uma taxa maior: $i = (1+0,005)^{12} - 1 \approx 0,0617 = 6,17\%$.

B) i = 12% a.a., R = $100. C) i = 6% a.a., R = $120. D) i = 6% a.a., R = $150. E) i = 12% a.a., R = $200.

Exercício **P3.04**

Descobrir o valor presente A para a conta da mesma senhora do exercício anterior.

A) i = 6% a.a., R = $90.

Resolução:

Temos: i = 0,5% a.m. e n = 12.

$A = R[1 - (1+i)^{-n}]/i.$

$A = 90[1 - (1,005)^{-12}]/0,005 \approx$

$\approx 90[1 - 0,9419053]/0,005 \approx$

$= 90*0,0580947/0,005 = 90*11,61894 = 1045,7046.$

Resp.: A = $1045,70.

B) i = 12% a.a., R = $100. C) i = 6% a.a., R = $120. D) i = 6% a.a., R = $150. E) i = 12% a.a., R = $200.

Exercício **P3.05**

Um homem aplica por dois anos um capital R a cada trimestre, em banco com taxa de juros **i** anuais, compostos trimestralmente. Obter o valor presente e o montante nos casos abaixo.

A) i = 8% a.a., R = $200.

Resolução:

Temos: $i = 8\%/4 = 2\%$ ao trimestre, e $n = 8$.

$A = R[1 - (1+i)^{-n}]/i$.

$A = 200[1 - (1,02)^{-8}]/0,02 \approx$

$\approx 200[1 - 0,8534904]/0,02 \approx$

$= 200*0,1465096/0,02 = 200*7,32548 = 1465,0960$.

Para o montante:

$M = R[(1+i)^n - 1]/i$.

$M = 200*[(1,02)^8 - 1]/0,02 \approx$

$\approx 200*[1,1716594 - 1]/0,02 =$

$= 200*0,1716594/0,02 = 200*8,582970 = 1716,5940$.

Resp.: $A = \$\ 1.465, 10$ e $M = 1.716,59$.

B) $i = 8\%$ a.a., $R = \$120$. C) $i = 6\%$ a.a., $R = \$240$. D) $i = 4\%$ a.a., $R = \$300$. E) $i = 6\%$ a.a., $R = \$160$.

Exercício **P3.06**

Ana Lúcia decidiu pagar uma dívida depositando a quantia C por mês durante **n** meses com juros de 12% a.a. compostos mensalmente, mais um pagamento final de valor F. Obter o valor atual Af da dívida para os casos abaixo.

A) $C = \$80$, $n = 11$ meses e $F = \$250$.

Resolução:

Temos: $i = 12\%/12 = 1\%$ ao mês, e $n = 11$.

$Af = R[1 - (1+i)^{-n}]/i + F*(1+i)^{-n}$

$Af = 80[1 - (1,01)^{-11}]/0,01 + 250[1,01^{-11}] \approx$

$\approx 80[1 - 0,8963237]/0,01 + 250*0,8963237 =$

$= 80*0,1036763/001 + 250*0,8963237 =$

$= 80*10,36763 + 250*0,8963237 =$

$= 829,4104 + 224,080925 = 1053,491325$.

Resp.: O valor atual da dívida era $\$1.053,49$.

B) $C = \$100$, $n = 12$ meses e $F = \$120$. C) $C = \$90$, $n = 10$ meses e $F = \$150$. D) $C = \$120$, $n = 14$ meses e $F = \$200$. E) $C = \$110$, $n = 9$ meses e $F = \$140$.

Exercícios suplementares

S3.01
Um homem depositou durante cinco anos o mesmo valor de $400, num banco que pagava juros de 3% a.a. Descobrir o montante logo após o depósito do quinto ano.

S3.02
Sara depositou por oito anos o valor R = $500 num banco cuja taxa de juros era 2% a.a. Dar o montante e o valor atual no oitavo ano.

S3.03
Júlio comprou um carro pagando $900 de entrada e acertando pagar anuidade de $200 a cada fim de mês durante 10 meses, com juros de 6% a.a. compostos mensalmente. Obter o equivalente ao valor à vista do carro, isto é, o valor presente. (Obs.: ao A, valor presente, deve-se somar o valor da entrada, no fim da conta.)

S3.04
Cecília começou a pagar uma dívida depositando o valor fixo de $200 por mês por 15 meses, prometendo saldar toda o compromisso com um pagamento final de $140. Sabendo que os juros cobrados são de 2% ao mês, obter o valor presente da dívida.

S3.05
Um cidadão contraiu uma dívida cujo contrato prevê depósitos de $120 mensais por 14 meses, com juros de 18% a.a. compostos mensalmente, mais um pagamento final de $350. Calcular o valor atual dessa dívida.

S3.06

João Pedro quis pagar uma dívida depositando a quantia de $50 por mês durante 13 meses com juros de 12% a.a. compostos mensalmente, mais um pagamento final de valor F=$300. Obter o valor atual A da dívida.

Capítulo 4 – Pagamentos, prazo e juro de anuidades

Nas fórmulas $M_{\overline{n}|i} = R \cdot m_{\overline{n}|i}$ e $A_{\overline{n}|i} = R \cdot a_{\overline{n}|i}$, do capítulo anterior, podemos isolar o pagamento R, chamado *pagamento periódico*, obtendo:

I) $R = M * 1/m_{\overline{n}|i}$ e

II) $R = A * 1/a_{\overline{n}|i}$,

chamando $M_{\overline{n}|i}$ simplesmente de M e $A_{\overline{n}|i}$ de A.

Assim, em termos de M temos:

$$R = M * i/[(1+i)^n - 1]$$

e, em termos de A,

$$R = A * i/[1 - (1+i)^{-n}].$$

Podemos mostrar também que:

$$1/m_{\overline{n}|i} + i = 1/a_{\overline{n}|i}.$$

Vejamos.

$1/m_{\overline{n}|i} + i = 1/\{[(1+i)^n - 1]/i\} + i = i/[(1+i)^n - 1] + i =$

$= \{i + i[(1+i)^n - 1]\}/[(1+i)^n - 1] = i\{1 + [(1+i)^n - 1]\}/[(1+i)^n - 1] =$

$= i[(1+i)^n]/[(1+i)^n - 1] = i/\{[(1+i)^{-n}] * [(1+i)^n - 1]\} =$

$= i/\{[(1+i)^{-n}] * [(1+i)^n] - 1 * (1+i)^{-n}\} = i/\{1 - (1+i)^{-n}\} = 1/a_{\overline{n}|i}.$

Assim, podemos escrever:

$$i/[(1+i)^n - 1] + i = i/[1 - (1+i)^{-n}].$$

Com estas fórmulas podemos descobrir o valor do pagamento periódico envolvido numa anuidade tendo de posse o valor do montante (M) ou do valor presente (A).

Por exemplo, se uma conta-poupança paga juros de 2,4% anuais compostos mensalmente, que pagamento mensal o cliente deve fazer para que ao fim de 10 meses obtenha um montante de \$706,34?

Dividindo 2,4% pelos 12 meses do ano temos 0,2% de taxa mensal.

Daí fazemos:

$R = M*i/[(1+i)^n - 1]$

$R = 706,34*0,002/[(1,002)^{10} - 1]$

$R \approx 706,34*0,002/(1,02018096 - 1) =$

$= 706,34*0,002/0,02018096 =$

$= 1,41268/0,02018096 \approx 70,00063.$

O depósito mensal que o cliente deve fazer é, portanto, de $R = \$70$.

(Obs.: O estudante deve notar que as fórmulas do pagamento R, em função do valor atual A ou do valor futuro M, são meros reordenamentos das fórmulas de A e de M; de modo que basta memorizar essas duas fórmulas e saber como manipulá-las para trazer o valor R para o primeiro membro da igualdade.)

Exercício **P4.01**

O cliente deposita mensalmente numa conta que paga juros mensais **i** um valor constante que ao fim de 11 meses resulta em valor presente A. Obter o valor do pagamento periódico nos casos abaixo.

A) $i = 0,4\%$ a.m., $A = 537,03$.

Resolução:

$R = A*i/[1 - (1+i)^{-n}]$

$R = 537,03*0,004/[1 - 1,004^{-11}] \approx$

$\approx 537,03*0,004/[1 - 0,9570379] =$

$= 537,03*0,004/0,0429621 = 2,14812/0,0429621 \approx$

$\approx 50,00035.$

Resp.: o pagamento periódico é de $R = \$50$.

B) $i = 0,5\%$ a.m., $A = 1067,71$. C) $i = 0,4\%$ a.m., $A =$

= 859,25. D) i = 0,3% a.m., A = 1296,55. E) i = 0,3% a.m., A =
= 2160,91.

Exercício **P4.02**

Ulisses depositou durante 13 meses a juros mensais **i** um
certo pagamento periódico. Tendo obtido montante M,
descobrir qual foi o pagamento periódico.

A) i = 0,3% a.m., M = 1191,30.

Resolução:

$R = M*i/[(1+i)^n - 1]$

$R = 1191,30*0,003/[(1,003)^{13} - 1] \approx$

$\approx 1191,30*0,003/[1,0397098 - 1] =$

$= 1191,30*0,003/0,0397098 =$

$= 3,5739/0,0397098 \approx 90,00045.$

Resp.: o pagamento periódico é de R = \$90.

B) i = 0,4% a.m., M = 1331,67. C) i = 0,5% a.m., M =
= 2411,51. D) i = 0,3% a.m., M = 3970,98. E) i = 0,2% a.m., M =
= 1842,00.

Exercício **P4.03**

Estávamos usando o valor do multiplicador do montante,
$1/mn\rceil i$, para obter o valor do pagamento periódico. Supondo
que agora a lei exige que usemos o do multiplicador do valor
presente para esse fim, descobrir esse multiplicador nos casos
abaixo.

A) $1/mn\rceil i = 0,0948$, i = 0,4% a.m.

{Obs.: Notar que em vez de R = $M*1/mn\rceil i$, teremos
R = $A*(1/mn\rceil i + i)$, i. e., em vez de R = $M*i/[(1+i)^n - 1]$,
teremos R = $A*i/[1 - (1+i)^{-n}]$.}

Resolução:

$1/an\rceil i = 1/mn\rceil i + i$

$1/an\rceil i = 0,0948 + 0,004$

$1/an\rceil i = 0,0988.$

B) $1/mn\rceil i = 0,0948$, i = 0,25% a.m. C) $1/mn\rceil i = 0,0856$, i = 0,3% a.m. D) $1/mn\rceil i$ = 0,0911, i = 0,5% a.m. E) $1/mn\rceil i$ = = 0,0992, i = 0,35% a.m.

Prazo

Como vimos antes, para obter **n**, o prazo de pagamento, a partir dos outros dados, precisamos lançar mão dos logaritmos.

Com a fórmula de montante, temos:

$M = R[(1+i)^n-1]/i \Leftrightarrow Mi/R = [(1+i)^m-1] \Leftrightarrow 1+Mi/R= (1+i)^n$.

Aplicando logaritmos a ambos os membros da igualdade, teremos:

$\log(1 + Mi/R) = \log[(1+i)^n] \Leftrightarrow \log(1 + Mi/R) = n*\log(1+i)$.

Daí:

$$n = \frac{[\log(1+Mi/R)]}{[\log(1+i)]}$$

Ou, escrevendo numa mesma linha,

$n = \log(1 + Mi/R)/\log(1+i)$.

Em trabalho análogo com a fórmula de valor presente, ficamos com:

$A = R[1-(1+i)^{-n}]/i \Leftrightarrow Ai/R = 1- (1+i)^{-n} \Leftrightarrow 1 - Ai/R = (1+i)^{-n}$.

A aplicação de logaritmos decimais a ambos os membros da igualdade nos dá:

$\log(1 - Ai/R) = \log[(1+i)^{-n}]$

$\log(1 - Ai/R) = -n*\log(1+i)$

$n = -\log(1 - Ai/R)/\log(1+i)$

$n = \log[(1 - Ai/R)^{-1}]/\log(1+i)$

$n = \log[1/(1 - Ai/R)]/\log(1+i)$

$n = \log\{1/[(R - Ai)/R]\}/\log(1+i)$

Finalmente:

$$n = \frac{[\log(R/(R-Ai))]}{[\log(1+i)]}$$

Ou, em uma linha: n = log[R/(R – Ai)]/log(1+i)

Como exemplo, vamos obter o número de meses necessários para que um pagamento periódico de \$90 a juros mensais de 0,5% renda um montante M = \$1200.

Temos: M = \$1200, R = \$90, i = 0,005.

n = log(1 + Mi/R)/log(1+i)

n = log(1 + 1200*0,005/90)/log(1,005)

n ≈ log(1 + 0,06667)/log(1,005)

n = log(1,06667)/log(1,005)

n ≈ 0,02803/0,00217

n ≈ 12,91705

O número de meses deve ser, portanto, n=13.

Juro da anuidade

Diferentemente dos casos de montante, valor presente e prazo, não se obtém uma fórmula simples para juro de anuidades. Como as calculadoras atuais são munidas de função que permite obter raízes de equações polinomiais, podemos encontrar a taxa de juros através de uma equação desse tipo.

Com a fórmula de montante, fazemos:

$M = R[(1+i)^n - 1]/i \Leftrightarrow Mi/R = (1+i)^n -1 \Leftrightarrow M(1+i-1)/R = (1+i)^n -1 \Leftrightarrow M(1+i)/R - M/R = (1+i)^n -1.$

Isso resulta na equação:

$(1+i)^n - (M/R)(1+i) + M/R-1 =0.$

Fazendo x = 1+i e Q = M/R, podemos escrever a esquação polinomial como:

$$x^n - Qx + Q - 1 = 0.$$

Num trabalho análogo com a fórmula de valor presente, fazemos:

$A = R[1 - (1+i)^{-n}]/i \Leftrightarrow Ai/R = 1 - (1+i)^{-n} \Leftrightarrow A(1+i-1)/R = {}$
$= 1 - (1+i)^{-n} \Leftrightarrow A(1+i-1)/R = 1 - (1+i)^{-n} \Leftrightarrow A(1+i)/R - A/R = {}$
$= 1 - (1+i)^{-n}$.

Isso resulta em:

$(1+i)^{-n} + (A/R)(1+i) - A/R - 1 = 0$.

Fazendo $x = 1+i$ e $D = A/R$, teremos:

$x^{-n} + Dx - D - 1 = 0$.

A expressão ainda não é equação polinomial, pois a variável tem um expoente negativo.

Como fazer dela uma equação polinomial? Como $x = 1+i$, seu valor será sempre positivo (não estamos considerando o caso do juro negativo). Então vamos dividir ambos os membros da igualdade por x.

$x^{-n} + Dx - (D+1) = 0 \Leftrightarrow (1/x)(1/x)^{n} + D - (1/x)(D+1) = 0$.

Isso leva a $(1/x)^{n+1} - (D+1)(1/x) + D = 0$.

Nossa variável agora é $1/x$, isto é, $1/(1+i)$. Fazendo $y = 1/x$, teremos finalmente a equação polinomial abaixo, que pode ser resolvida na calculadora:

$$y^{n+1} - (D+1)y + D = 0.$$

Equações assim podem ser resolvidas manualmente através do Método de Newton-Raphson, que funciona na base de aproximações e que é um tema que foge ao escopo deste manual, mas que é deixado como desafio de pesquisa e ampliação de conhecimentos para o estudante.

Cálculo aproximado do juro da anuidade

Sem isso, e na ausência de uma calculadora potente, dotada de resolução de equações polinomiais, os manuais costumam apresentar um método de cálculo para a taxa de juros com o uso de tabelas.

Vamos tomar, como exemplo, o caso do cidadão que compra um carro de preço $17.300 à vista, mas que ele paga a prazo, com parcelas (pagamentos periódicos) de $600, durante 32 meses. Qual é a taxa nominal de juros i? E qual é a taxa efetiva j? [Dados de tabela, para $a_{\overline{32}|i}$: 28,7311___(2/3)%; 29,1136___(7/12)%, 29,5032___(1/2)% ...]

Temos: A = $17.300, R = $600 e n = 32.

Sabemos que $A = R[1 - (1+i)^{-n}]/i$, ou $A = R*a_{\overline{n}|i}$.

Assim,

$$17300 = 600*a_{\overline{n}|i} \Leftrightarrow a_{\overline{n}|i} = 17300/600 = 173/6 \approx$$
$$\approx 28,8333.$$

Por dados de tabela, $a_{\overline{32}|i} = 28,8333$ situa-se entre $i = (7/12)\%$ e $i = (2/3)\%$. A taxa efetiva j ($j = 12*i$) está, portanto, entre 7% e 8%, compostos mensalmente.

Exercício P4.04

Obter o número de meses necessários para que um pagamento periódico de $100 produza o rendimento indicado, em cada um dos casos abaixo.

A) M = $1436,98, i = 0,4% a.m.

Resolução:

$n = \log(1 + Mi/R)/\log(1+i)$

$n = \log(1 + 1436,98*0,004/100)/\log(1+0,004) =$

$\quad = \log(1 + 0,0574792)/\log(1+0,004) \approx$

$\quad \approx \log(1,05748)/\log(1,004).$

$n \approx 0,02427/0,001734 \approx 13,99654.$

Resp.: São necessários 14 meses.

B) M = $1531,90, i = 0,3% a.m. C) M = $1127,90, i = 0,5% a.m. D) M = $1642,68, i = 0,35% a.m. E) M = $1727,46, i = 0,2% a.m.

Exercício P4.05

Obter o número de meses necessários para que um

pagamento periódico de \$120 a juros mensais **i** corresponda ao valor presente indicado.

A) $A = \$1.527,69$, $i = 0,3\%$ a.m.

Resolução:

Temos: $A = \$1.527,69$, $i = 0,003$, $R = \$120$.

$n = \log[R/(R - Ai)]/\log(1+i)$

$n = \log[120/(120 - 1527,69*0,003)]/\log(1+0,003)$

$n = \log[120/(120 - 4,58307)]/\log(1+0,003)$

$n = \log[120/115,41693]/\log(1+0,003)$

$n -= \log 1,03971/\log 1,003$

$n -= 0,01691/0,001301 = 12,99769$.

Resp.: O número de meses é 13.

B) $A = \$1.743,67$, $i = 0,4\%$ a.m. C) $A = \$1506,73$, $i = 0,5\%$ a.m. D) $A = \$1863,54$, $i = 0,35\%$ a.m. E) $A = \$1412,30$, $i = 0,3\%$ a.m.

Exercício **P4.06**

Usando a equação polinomial $x^n - Qx + Q - 1 = 0$, em que $x = 1+i$ e $Q = M/R$, e um pagamento periódico de \$100, descobrir o montante em cada caso abaixo.

A) $i = 0,5\%$ a.m, $n = 11$ meses.

Resolução:

$Q = M/R = M/100$.

$x^n - Qx + Q - 1 = 0$.

$(1+0,005)^{11} - (M/100)(1+0,005) + M/100 - 1 = 0$

$1,005^{11} - (M/100)(1,005) + M/100 - 1 = 0$

$1,0563958 - 0,01005M + 0,01M - 1 = 0$

$0,0563958 - 0,00005M = 0$

$0,00005M = 0,0563958$

$M = 0,0563958/0,00005 \approx 1127,92$.

Resp.: O montante será $M = \$1127,92$.

B) $i = 0,4\%$ a.m, $n = 12$ meses. C) $i = 0,3\%$ a.m, $n = 18$ meses. D) $i = 0,6\%$ a.m, $n = 16$ meses. E) $i = 0,5$ a.m, $n = 20$ meses.

Exercício **P4.07)**

Cincinato comprou um trator usado de valor presente A, pagando em parcelas periódicas mensais de valor R, durante 15 meses. Descobrir a taxa nominal **i** e a taxa efetiva **j** de juros nas situações dadas.

A) A = $1930, R = $135.

Resolução:

$A = R[1 - (1+i)^{-n}]/i.$

$A = R*an\rceil i$

$1930 = 135*an\rceil i \Leftrightarrow an\rceil i = 1930/135 \approx 14,2963.$

Pela Tabela de Valor Atual da Anuidade de **i**, para n = 15 meses, $an\rceil i$ está entre 14, 2293 [(2/3)%] e 14,3225 [(7/12)%].

Para obter j, multiplicaremos estas percentagens por 12 meses.

Resp.: **i** entre (7/12)% e (2/3)%, j entre 7% e 8%, compostos mensalmente.

[Dados de tabela, com n = 15 meses:

14,7042____(1/4)%; 14,6074____(1/3)%;

14,5116____(5/12)%; 14,4166____(1/2)%;

14,3225____(7/12)%; 14,2293____(2/3)%.]

B) A = $2150, R = $150, C) A = $2050, R = $140, D) A = $2323,R = $160, E) A = $1877, R = $130

Exercícios suplementares

S4.01

Elisa fez pagamentos periódicos durante 14 meses, a juros mensais i = 0,4%, tendo obtido o montante M = $1149,60. Qual é o valor R do pagamento periódico?

S4.02

Com um valor presente estimado em A = $1649,30, Manuela investiu por 13 meses uma certa quantia, a juros mensais i = 0,35%. Descobrir o valor R desse pagamento periódico.

S4.03

Um banco paga juros de 6% ao ano compostos semestralmente. O cidadão X faz um plano de depósitos periódicos anuais no valor de $600. Descobrir o valor do pagamento periódico semestral do cidadão Y para que seja equivalente ao pagamento do cidadão X (obs.: é o valor presente de um e de outro que tem de coincidir).

S4.04

Obter o prazo, em número de meses, para que um pagamento periódico de $105 a juros mensais de 0,3% resulte num montante M = $2150.

S4.05

Severo comprou um drone com valor à vista (valor presente) de $3.780, mas pagou em parcelas periódicas mensais de R = $195, durante 20 meses. Descobrir a taxa nominal **i** e a taxa efetiva **j** de juros. [Dados de tabela, para a20⌐i: 19,1511__(5/12)%; 19,3168__(1/3)%, 19,4845__(1/4)% ...]

Capítulo 5 – Amortizações

Dá-se o nome de amortização ao processo de abatimento de uma dívida e seus respectivos juros através de pagamentos periódicos, feitos em intervalos iguais de tempo.

Quando os pagamentos periódicos são iguais, mesmo embutindo os juros, os cálculos não diferem daqueles que estudamos antes, já que temos aí uma anuidade simples ordinária.

Em qualquer altura do processo de pagamentos, a parte da dívida que ainda não foi paga após um dado pagamento é chamada de *saldo devedor*, que corresponde ao valor presente da dívida naquele instante. No momento imediatamente anterior ao pagamento em questão, a parte não paga chama-se *estado da dívida*.

A parte complementar ao saldo devedor no total da dívida, isto é, a parte que já foi paga, chama-se *equidade* do pagador. Correspondentemente, a *equidade* do recebedor, ou vendedor, é exatamente igual ao saldo devedor.

Vamos tomar como exemplo o caso de um cliente que compra um produto contraindo uma dívida com valor presente de $4000, comprometendo-se a pagar durante os seis meses seguintes seis parcelas iguais, incluindo os juros, que são de 0,6% a.m. Qual será o valor da prestação no processo de amortização?

Temos:

A = $4000, n = 6 meses, i = 0,006.

$R = A*i/[1 - (1+i)^{-n}]$

$R = 4000*0,006/[1 - 1,006^{-6}] \approx$

$\approx 4000*0,006/[1 - 0,96474407] =$

$= 4000*0,006/[0,03525593] = 24/0,03525593 \approx$

$\approx 680,7365.$

Resp.: O valor das parcelas é de $680,74.

Tabela de amortização

A *tabela de amortização*, ou *Tabela Price*, criada em 1711 pelo matemático inglês Richard Price, é um quadro que expõe, período a período, o saldo devedor, o juro devido no momento, o valor do pagamento periódico e a parcela amortizada (R descontado o juro) no referido período. A tabela leva também os nomes de Sistema de Amortização Francês (SAF), por ter sido a França o centro de divulgação de seu uso, ou Sistema de Amortização Constante (SAC).

Façamos uma tabela de amortização para o exemplo acima.

Tabela de amortização

Período	saldo devedor	juro ainda devido	pagamento	parcela amortizada
	(a=a'-d')	(b=a*i)	(c=R)	(d=c-b)
1	4000	24	680,74	656,74
2	3343,26	20,06	680,74	660,68
3	2682,58	16,1	680,74	664,64
4	2017,94	12,11	680,74	668,63
5	1349,31	8,1	680,74	672,64
6	676,67	4,06	680,74	676,68
Total	-0,01	84.43	4084,44	4000,01

Obs.: As diferenças de centavos no total são fruto dos arredondamentos que ocorrem ao longo dos períodos.

Para achar o saldo devedor em qualquer período, usando a fórmula de valor presente, basta tomar como **n** o número de parcelas restantes.

Assim, depois do primeiro pagamento, no exemplo acima, temos:

$n = 6\text{-}1 = 5$, $i = 0,6\%$ a.m., $R = 680,74$.

$A = R[1 - (1+i)^{-n}]/i$

$A = 680,74[1 - 1,006^{-5}]/0,006 \approx$

$\approx 680,74[1 - 0,9705325297]/0,006 =$

$= 680,74[0,0294674703]/0,006 \approx$

$\approx 680,74{*}4,91124505 \approx 3343,28$.

(Novamente, as diferenças de centavos, na comparação com o valor já encontrado na tabela, são devidas aos arredondamentos.)

Para encontrar a equidade, em qualquer momento da série de pagamentos, basta descontar o saldo devedor do valor presente A. Para aquele primeiro mês, do exemplo acima, é só fazer $4000,00 - 3343,28 = 656,72$.

No mesmo exemplo, vamos encontrar a equidade após o pagamento da quarta parcela.

Temos:

$n = 6\text{-}4 = 2$, $i = 0,6\%$, $R = 680,74$.

$A = R[1 - (1+i)^{-n}]/i$

$A = 680,74[1 - 1,006^{-2}]/0,006 \approx$

$\approx 680,74[1 - 0,98810714]/0,006 \approx$

$\approx 680,74[0,01189286]/0,006 \approx 680,74{*}1,98214333 \approx$

$\approx 1349,32$.

A equidade nesse momento é $4000,00\text{-}1349,32 = 2650,68$.

Se trocarmos na tabela acima a coluna dos juros pela da equidade, que é a coluna do saldo devedor de trás para frente, poderemos traçar o gráfico abaixo. (Colunas pretas: saldo devedor; colunas brancas: equidade; colunas cinzentas: parcela amortizada.)

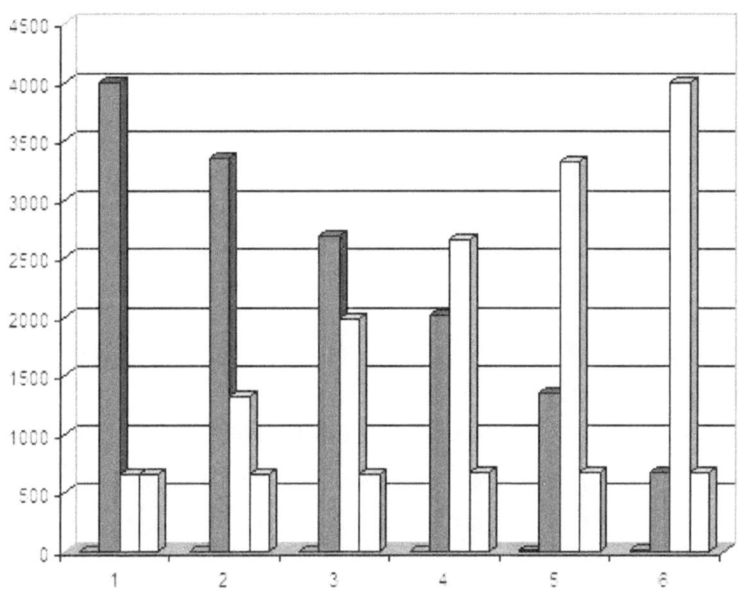

Fundos de amortização

Os *fundos de amortização* ("sinking funds", em inglês), ou *fundos de resgate*, são depósitos feitos de forma periódica numa conta que tem por objetivo saldar uma dívida de determinado montante (valor futuro). Logo após o último depósito, o valor da conta deve coincidir com o valor da dívida que está sendo paga.

A maior diferença entre o caso simples de amortização e este é que agora há duas taxas de juros: a do credor, como antes, e a do fundo.

Tomemos como exemplo uma dívida de \$6000, a ser paga em oito períodos semestrais, a juros de 3% compostos semestralmente. O fundo de amortização paga juros de 2% compostos semestralmente. Pede-se o valor de R, pagamento periódico, e o valor do serviço da dívida, isto é, R mais o juro do fundo.

Temos:

M = \$6000, i = 3%/2 = 1,5%, n = 8 semestres.

$R = M*i/[(1+i)^n - 1]$

$R = 6000*0,015/[(1+0,015)^8 - 1]$

$R = 6000*0,015/[(1,015)^8 - 1] \approx$

$\approx 6000*0,015/[1,12649259 - 1] \approx$

$\approx 6000*0,015/[0,12649259] \approx 6000*0,11858402 \approx$

$\approx 711,504.$

Ajustando os centavos para o teto (não pode faltar dinheiro no fim), ficamos com R = 711,51.

Para calcular o serviço da dívida temos de obter o juro semestral do fundo, que tem taxa semestral j = 2%/2 = 1%.

Fazemos: 6000*0,01 = 60.

O serviço semestral da dívida será de 711,51+60,00 = = 761,51.

Agora façamos a tabela para o fundo de amortização do exemplo que acabamos de ver.

Tabela do fundo de amortização

Período	juro	depósito	aumento do fundo	montante no fim do período
	(a=d'*i)	(b=R)	(c=a+b)	(d=d'+c)
1	0	711,51	711,51	711,51
2	10,67	711,51	722,18	1433,69
3	21,51	711,51	733,02	2166,71
4	32,5	711,51	744,01	2910,72
5	43,66	711,51	755,17	3665,89

6	54,99	711,51	766,5	4432,39
7	66,49	711,51	778	5210,39
8	78,16	711,51	789,67	6000,06
Total:	307,98	5692,08	6000,06	

d': d da linha anterior.

(Notemos que o total da coluna do juro somado ao total da coluna do depósito dá exatamente a coluna do aumento do fundo.)

Como acharemos o montante para um momento dado? Basta tomar o período e aplicar a fórmula de montante para pagamentos periódicos. Por exemplo, qual será, no exemplo acima, o montante logo após o terceiro pagamento?

Temos:

$R = 711,51$, $i = 3\%/2 = 1,5\%$, $n = 3$.

$M = R[(1+i)^n - 1]/i$.

$M = 711,51[(1,015)^3 - 1]/0,015 \approx$

$\approx 711,51[1,0456784 - 1]/0,015 \approx$

$\approx 711,51[0,0456784]/0,015 \approx 711,51*3,0452267 \approx 2166,71$.

Assim, o montante no terceiro período é $\$2.166,71$, confirmando o que está na tabela.

Exercício **P5.01**

Um cliente adquire um produto contraindo uma dívida de valor presente A, pelo qual fará, nos **n** meses seguintes, pagamentos periódicos, incluindo juros de **i** ao mês. Obter o valor dessas prestações iguais no processo de amortização, para os casos abaixo.

A) $A = \$8.000$, $n = 10$ meses, $i = 0,5\%$ a.m.

Resolução:

$A = \$8000$, $n = 10$ meses, $i = 0,005$.

$R = A*i/[1 - (1+i)^{-n}]$

$R = 8000*0{,}005/[1 - 1{,}005^{10}] \approx$

$\approx 8000*0{,}005/[1 - 0{,}95134794] =$

$= 8000*0{,}005/[0{,}04865206] \approx 8000*0{,}10277057 \approx$

$\approx 822{,}16456.$

O pagamento periódico é de \$822,17 (teto de centavos).

B) A = \$7.000, n = 9 meses, i = 0,7% a.m. C) A = \$10.000, n = 11 meses, i = 0,4% a.m. D) A = \$40.000, n = 12 meses, i = 0,6% a.m. E) A = \$12.000, n = 14 meses, i = 1% a.m.

Exercício **P5.02**

Uma dívida de valor presente A será paga em cinco meses (n = 5), em pagamentos periódicos iguais, com juros mensais **i**. Obter o valor do pagamento periódico e construir a Tabela Price.

A) A = \$7.000, i = 0,4% a.m.

Resolução:

$R = A*i/[1 - (1+i)^{-n}]$

$R = 7000*0{,}004/[1 - (1{,}004)^{-5}] \approx$

$\approx 7000*0{,}004/[1 - 0{,}98023777779] =$

$= 7000*0{,}004/[0{,}01976222221] \approx 7000*0{,}202406387 \approx$

$\approx 1416{,}8447.$

O pagamento periódico é \$1.416,84.

Período	saldo devedor	juro ainda devido	pagamento	parcela amortizada
	(a=a'-d')	(b=a*i)	(c=R)	(d=c-b)
1	7000	28	1416,84	1388,84
2	5611,16	22,44	1416,84	1394,4
3	4216,76	16,87	1416,84	1399,97
4	2816,79	11,27	1416,84	1405,57
5	1411,22	5,64	1416,84	1411,2

(A diferença de 2 centavos, de a+b para c, deve-se aos arredondamentos.)

B) A = \$8.000, i = 0,3% a.m. C) A = \$10.000, i = 0,7% a.m. D) A = \$6.000, i = 0,8% a.m. E) A = \$5.000, i = 0,2% a.m.

Exercício P5.03

Para os dados e resultados do exercício anterior, obter, com a fórmula, o saldo devedor logo após o segundo pagamento e o correspondente valor da equidade.

A) A = \$7.000, i = 0,4% a.m.

Resolução:

O novo **n** será n = 5 − 2 = 3.

$A = R[1 - (1+i)^{-n}]/i$

$A = 1416,84[1 - 1,004^{-3}]/0,004$

$A \approx 1416,84[1 - 0,9880954]/0,004 =$

$= 1416,84[0,0119046]/0,004 =$

$= 1416,84*2,97615 = 4216,728366.$

O saldo devedor é \$4216,73.

A equidade será \$7.000 − \$4216,73 = \$2783,27.

(A diferença de 3 centavos no saldo devedor em relação ao valor da tabela vem da diferença nos arredondamentos.)

B) A = \$8.000, i = 0,3% a.m. C) A = \$10.000, i = 0,7% a.m. D) A = \$6.000, i = 0,8% a.m. E) A = \$5.000, i = 0,2% a.m.

Exercício P5.04

Gabriela fez uma dívida de montante M a ser paga ao longo de seis meses (n = 6), em parcelas iguais, incluindo juros de i = 0,4% ao mês. Obter o valor do pagamento mensal e o do serviço da dívida, para um fundo de amortização que paga juros mensais de taxa **j**. Construir a tabela do fundo.

A) M = \$8000, j = 0,3%.

$R = M*i/[(1+i)^{n} - 1]$

$R = 8000*0,004/[(1+0,004)^{6} - 1] \approx$

$\approx 8000*0,004/[1,02424128 - 1] =$

$$= 8000*0,004/[0,02424128] \approx$$
$$\approx 8000*0,16500779 = 1320,06.$$

O pagamento periódico é de $1320,06.
O serviço da dívida será:

$$M*j+R = 8000*0,003+1320,06 = 24+1320,06 = 1344,06.$$

Tabela do fundo de amortização

Período	juro	depósito	aumento do fundo	Montante no fim do período
	(a=d'*i)	(b=R)	(c=a+b)	(d=d1+c)
1	0	1320,06	1320,06	1320,06
2	5,28	1320,06	1325,24	2645,3
3	10,58	1320,06	1330,64	3975,94
4	15,9	1320,06	1335,96	5311,9
5	21,25	1320,06	1341,31	6653,21
6	26,61	1320,06	1346,67	7999,88
Total:	79,62	7920,36	7999,88	

B) M =$10000, j = 0,25%. C) M =$5000, j = 0,45%. D) M = $6000, j = 0,3%. E) M =$9500, j = 0,2%.

Depreciação

Quando alguém compra um carro novo, sabe que a queda do valor do item em comparação com o custo original é maior nos primeiros tempos que nos tempos subsequentes. Essa queda de valor é a *depreciação* do produto. Embora haja um método simplificado para calcular essa queda, considerando-a linear, a escolha mais sensata é a do uso do *método da percentagem fixa*, que permite representar o decréscimo do valor segundo a curva apropriada, que é a de uma função exponencial decrescente.

Em geral consideramos que nosso produto, quase sempre uma máquina, comprada a um *custo original* C, tem uma *vida útil* em estado perfeitamente funcional de **n** anos, atingindo ao fim desse período um *valor residual*, ou valor salvado, que denotamos por S.

Para achar o valor da depreciação por período, Dp, no método linear, basta fazer a diferença C − S e dividir por **n**.

Por exemplo, se uma máquina custou $10.000 e tem vida útil de 8 anos, quando terá valor residual de $1000, então a depreciação por ano será:

Dp = (C-S)/n

Dp = (10.000 − 1000)/8 = 9000/8 = 1.125.

Esse valor de $1125 será descontado a cada ano do custo original, até que se chegue ao valor residual, no oitavo ano.

Aplicando o método da percentagem fixa, ou da taxa constante, podemos construir uma tabela de depreciação mais condizente com o mundo real. No primeiro ano, a depreciação reduzirá o valor de custo original em C*i, de modo que o produto estará valendo C − C*i, ou C(1-i). No segundo ano, o valor será $C(1-i)^2$. No fim do período de **n** anos, com todos os descontos feitos, teremos a seguinte relação:

$$S = C(1-i)^n$$

Já vimos esta fórmula? Quase. É a mesma de montante, mas com C de custo original no lugar de C de capital investido e com subtração 1-i, em vez de soma 1+i. Calculemos a taxa constante **i** para o exemplo acima.

Temos:

$S = C(1-i)^n$

$1000 = 10.000(1-i)^8$

$(1-i)^8 = 1000/10000$

$(1-i)^8 = 0,1 \Leftrightarrow 1-i = 0,1^{1/8} \Leftrightarrow i = 1 - 0,1^{1/8}$.

$i \approx 1 - 0,7498942 = 0,2501058$.

Assim, a taxa constante de depreciação de nossa máquina será de 25,01%.

Construamos agora a tabela de depreciação para essa nossa máquina de \$10.000 segundo o método da percentagem fixa.

Ao fim do ano 1, o valor contábil é $C(1-i)$ = $= 10000(1-0,2501)^1 = 10000*0,7499 = 7499$.

Para o ano 2, o valor contábil é $C(1-i)^2 = 10000*0,7499^2 = 5623,50$.

Continuamos assim até o cálculo de $C(1-i)^8$.

Tabela de depreciação

Ano	Valor contábil	Carga de depreciação	Montante do fundo
	$(a=C(1-i)^n)$	$(b = a'-a)$	$(c = c'+b)$
0	10000	0	0
1	7499	2501	2501
2	5623,5	1875,5	4376,5
3	4217,06	1406,44	5782,94
4	3162,38	1054,68	6837,62
5	2371,47	790,91	7628,53
6	1778,36	593,11	8221,64
7	1333,59	444,77	8666,41
8	1000,06	333,53	8999,94

(Obs.: Como os cálculos foram feitos a partir dos valores obtidos para a primeira coluna, os centavos que faltaram no fim da coluna **c** são os que tinham sobrado no fim da coluna **a**, por causa dos arredondamentos intermediário.)

Exercício **P5.05**

Certa empresa compra uma máquina de valor de custo C sabendo que ela funciona por seis anos, período ao fim do qual terá apenas um valor residual S. Pelo método da percentagem fixa (ou da taxa constante), obter a taxa **i** e construir a tabela de depreciação para os casos abaixo.

A) C = \$8.000, S = \$1.000.

Resolução:

n = 6 anos.

$S = C(1-i)^n$

$1000 = 8000(1-i)^6$

$(1-i)^6 = 1000/8000$

$(1-i)^6 = 0,125 \Leftrightarrow 1-i = 0,125^{1/6} \approx 0,70710678$.

$i \approx 1 - 0,70710678 = 0,29289322$.

Assim, i = 29,289%. (Daí, 1-i = 0,70711.)

Tabela de depreciação

Ano	Valor contábil	Carga de depreciação	Montante do fundo
	$(a=C(1-i)^n)$	$(b = a'-a)$	$(c = c'+b)$
0	8000	0	0
1	5656,88	2343,12	2343,12
2	4000,04	1656,84	3999,96
3	2828,47	1171,53	5171,49
4	2000,04	828,43	5999,92
5	1414,25	585,79	6585,71
6	1000,02	414,23	6999,94

(No mês final, a+c deve resultar no custo original.)

B) C = \$6.000, S = \$800. C) C = \$9.000, S = \$1.500. D) C = \$11.000, S = \$1.100. E) C = \$10.000, S = \$2.000.

O que vimos acima foi uma simples tabela de depreciação, sem nenhum investimento envolvido a não ser o do custo original da máquina. É costume também, além desse procedimento, criar-se um fundo de depreciação, com a utilização do fundo de amortização, para uma taxa de juros dada e um pagamento periódico calculado sobre os dados do bem que está em depreciação.

Tomemos o caso de uma fresadora comprada por \$20.000, que ao fim de seis anos terá valor residual de \$1600. Investe-se nesse tempo num fundo de depreciação que paga juros de 2% ao ano. Calculemos o pagamento periódico que deve ser feito e montemos a tabela do fundo de depreciação.

Temos:

$C = \$20.000,\ S = 2000,\ i = 0,02,\ n = 6.$

$M = 20000 - 1600 = 18400.$

$R = M{*}i/[(1+i)^n - 1]$

$R = 18400{*}0,02/[(1+0,02)^6 - 1] \approx$

$\approx 18400{*}0,02/[1,12616242 - 1] =$

$= 18400{*}0,02/0,12616242 \approx 18400{*}0,1585258 =$

$= 2916,87472.$

Teremos assim pagamentos periódicos no valor R = = \$2916,87.

Tabela do fundo de depreciação

Ano	Carga de depreciação	Juro	Aumento do fundo	Montante do fundo	Valor contábil
	(a)	(b=d'*i)	(c=a+b)	(d=d'+c)	(e=e'-c)
0	0	0	0	0	20000
1	2916,87	0	2916,87	2916,87	17083,13
2	2916,87	58,34	2975,21	5892,08	14107,92
3	2916,87	117,84	3034,71	8926,79	11073,21
4	2916,87	178,54	3095,41	12022,2	7977,8
5	2916,87	240,44	3157,31	15179,51	4820,49
6	2916,87	303,59	3220,46	18399,97	1600,03

Da mesma forma que na tabela do fundo de amortização vista anteriormente, se quisermos descobrir o montante logo após um pagamento dado, sem recorrer à tabela, basta usar a fórmula de montante de anuidades.

Assim, se, por exemplo, queremos saber o montante logo após o quarto pagamento, no caso de nossa máquina de $20.000, basta seguir o procedimento abaixo.

Temos:

R = 2916,87,   i = 0,02, n = 4.

$M = R[(1+i)^n - 1]/i$.

$M = 2916,87[(1,02)^4 - 1]/0,02 \approx 2916,87[1,0824322 - 1]/0,02 =$
$= 2916,87[0,0824322]/0,02 = 2916,87*412161 =$
$= 12022,2005607$.

O montante logo após o quarto pagamento é de $12.022,20.

Exercício **P5.06**

Júlio comprou uma máquina por um valor C, que será desativada em cinco anos, com valor residual S. Um fundo de depreciação será criado, com juros de taxa **i** ao ano. Obter o pagamento periódico a ser feito e montar a tabela do fundo de depreciação.

A) C = \$12.000, S = \$2.000, i = 3%.

Resolução:

n = 5 anos.

M = 12000 − 2000 = 10000

$R = M*i/[(1+i)^n - 1]$

$R = 10000*0,03/[(1+0,03)^5 − 1] \approx$

$\approx 10000*0,03/[1,15927407 − 1] =$

$= 10000*0,03/[0,15927407] \approx 10000*0,188354576 =$

$= 1883,54576.$

O pagamento periódico será R = \$1.883,55.

Tabela do fundo de depreciação

Ano	Carga de depreciação	Juro	Aumento do fundo	Montante do fundo	Valor contábil
	(a=R)	(b=d'*i)	(c=a+b)	(d=d'+c)	(e=e'-c)
0	0	0	0	0	12000
1	1883,55	0	1883,55	1883,55	10116,45
2	1883,55	56,51	1940,06	3823,61	8176,39
3	1883,55	114,71	1998,26	5821,87	6178,13
4	1883,55	174,66	2058,21	7880,08	4119,95
5	1883,55	236,4	2119,95	10000,03	2000

(No período final, d+e deve coincidir com o valor de custo C.)

B) C = \$10.000, S = \$1.200, i = 2%. C) C = \$11.000, S = = \$1.000, i = 4%. D) C = \$18.000, S = \$2.000, i = 2%. E) C = = \$30.000, S = \$5.000, i = 2,5%.

Depleção

Chama-se *depleção*, ou *exaustão*, ao processo de esgotamento do valor de uma mina, de ferro, petróleo, carvão, cobre ou outro bem, ao longo de sua exploração econômica.

Tudo se passa como se tivéssemos um caso de depreciação linear, embora não se trate de máquina ou outro bem de capital.

Tomemos o caso de uma mina cuja renda líquida anual de exploração seja avaliada em \$210.000, estimando-se em 10 anos sua vida útil, tempo ao fim do qual ela terá um valor residual de \$100.000. O rendimento esperado, em relação ao valor de compra C é de 6%. Se o depósito num fundo de reposição rende juros de 3% ao ano, qual terá sido o valor de compra?

Temos:

S = \$100.000, r = 6% = 0,06, R' = \$210.000, n=10, i = 3% = 0,03.

$R = M*i/[(1+i)^n - 1]$

Nesta situação,

$R' = C*r + (C-S)*i/[(1+i)^n - 1]$

$210.000 = 0,06*C + (C-100.000)*0,03/[(1+0,03)^{10} - 1]$.

Assim,

$0,06*C + C*0,03/[(1,03)^{10} - 1] =$
$$= 210.000 + 100.000*0,03/[(1,03)^{10} - 1]$$
$\{0,06 + 0,03/[(1,03)^{10} - 1]\}*C =$
$$= 210.000 + 100.000*0,03/[(1,03)^{10} - 1]$$
$\{0,06 + 0,03/[1,3439164 - 1]\}*C \approx$
$$\approx 210.000 + 100.000*0,03/[1,3439164 - 1]$$
$(0,06 + 0,03/0,3439164)*C \approx$
$$\approx 210.000 + 100.000*0,03/0,3439164$$

$(0,06 + 0,0872305)*C \approx 210.000 + 100.000* 0,0872305$

$0,1472305*C = 210.000 + 8723,05$

$0,1472305*C = 218723,05$

$C \approx 218723,05/0,1472305$

$C \approx 1.485.582,471023$

O valor de compra foi $C \approx \$1.485.582,47$.

Exercício **P5.07**

Uma mina com taxa de rendimento **r** oferece renda anual de R' durante oito anos, período ao fim do qual terá valor residual S. O depósito num fundo de reposição rende juros de taxa i anual. Para os valores abaixo, qual foi o valor de compra C?

A) $R'=\$150.000$, $S = \$20.000$, $r = 5\%$, $i = 4\%$.
Resolução:
$n = 8$ anos.
$R' = C*r + (C-S)*i/[(1+i)^n - 1]$
$150000 = 0,05*C + (C-20000)*0,04/[(1+0,04)^8 - 1]$
$0,05*C + C*0,04/(1,04^8-1) =$
$$= 150000+20.000*0,04/[1,04^8-1]$$
$\{0,05+0,04/(1,04^8-1]\}*C=150000+20.000*0,04/[1,04^8- 1]$
$\{0,05+0,04/(1,36856905 - 1]\}*C = 150000+$
$$+ 20.000*0,04/[1,36856905 - 1]$$
$\{0,05 + 0,10852783\}*C = 150000+20.000*0,10852783$
$\{0,05 + 0,10852783\}*C = 150000+2170,5566$
$0,15852783*C = 152170,5566$
$C = 152170,5566/0,15852783$
$C = 959898,060801059$.
O valor de compra foi $C = \$959.898,06$.

B) $R'=\$200.000$, $S = \$40.000$, $r = 6\%$, $i = 5\%$. C) $R'=\$160.000$, $S = \$30.000$, $r = 4\%$, $i = 3\%$. D) $R'=\$250.000$, $S = \$50.000$, $r = 6\%$, $i = 3\%$. E) $R'=\$50.000$, $S = \$10.000$, $r = 7\%$, $i = 5\%$.

Anuidades antecipadas

Enceramos este capítulo com o tema da *anuidade antecipada*, que tem maior relação com o capítulo anterior que com o presente, mas que lá poderia provocar confusão com a situação mais comum, da anuidade postecipada.

O que difere a anuidade antecipada daquela outra é que nesta o primeiro pagamento periódico não se faz no fim do primeiro período, mas no início dele. O caso muito conhecido do aluguel de casa que exige depósito antecipado de um mês é uma situação desse tipo.

O tratamento é o mesmo já seguido na anuidade postecipada, com a diferença de que consideramos o primeiro depósito como um pagamento à vista, e aplicamos os mesmos procedimentos de antes para os demais pagamentos, agora como anuidade.

Assim, se temos uma anuidade antecipada com 12 pagamentos periódicos de \$250, por exemplo, entendemos o primeiro depósito de \$250 como pagamento à vista e utilizamos fórmulas de anuidades para R = \$250, mas com n = 11.

```
|   |   |   |   |       |   |   |
0   1   2   3   ...     9  10  11
```

Se o juro pago é de 0,4% a.m., calculemos o valor presente V dessa anuidade.

Temos:

R = \$250, n = 11, i = 0,004.

$A = R[1 - (1+i)^{-n}]/i$

$V = R + A$

$V = 250 + 250[1 - 1{,}004^{-11}]/0{,}004 \approx$

$$\approx 250 + 250[1 - 0{,}9570379]/0{,}004 =$$
$$= 250 + 250[0{,}0429621]/0{,}004 \approx$$
$$\approx 250 + 250*10{,}740525 \approx$$
$$\approx 250 + 2685{,}13125 = 2935{,}13125$$

O valor presente é $V \approx \$2935{,}13$.

Para o mesmo exemplo, vamos calcular o valor futuro F, após o 12º pagamento.

Como os juros incidem sobre todas as parcelas, mesmo sobre aquela parcela zero, que tínhamos considerado pagamento à vista, para o montante levamos em conta na fórmula todos os pagamentos, embutindo, ainda, a parcela de juros da taxa **i** sobre o montante.

Temos:

$R = \$250$, $i = 0{,}004$, $n = 12$ (**n** agora é o número total de pagamentos).

$$M = R[(1+i)^n - 1]/i$$
$$F = (1+i)M$$
$$F = (1+i)R[(1+i)^n - 1]/i$$
$$F = 1{,}004*250[1{,}004^{12} - 1]/0{,}004 \approx$$
$$\approx 1{,}004*250[1{,}0490702 - 1]/0{,}004 \approx$$
$$\approx 1{,}004*250[0{,}0490702]/0{,}004 \approx$$
$$\approx 1{,}004*250*12{,}26755 = 250*12{,}3166202 = 3079{,}15505$$

O valor futuro é $F = \$3079{,}16$.

O costume é utilizar para o valor futuro uma fórmula mais simples. É fácil provar que:

$$(1+i)mn\rceil i = m(n+1)\rceil i - 1$$

Fazemos:

$$(1+i)[(1+i)^n - 1]/i =$$
$$= [(1+i)(1+i)^n - (1+i)]/i$$
$$= [(1+i)(1+i)^n - 1 - i]/i$$

$$= [(1+i)^{n+1} - 1]/i - i/i$$
$$= [(1+i)^{n+1} - 1]/i - 1$$

Vamos calcular novamente o valor futuro utilizando esta última fórmula.

$R = \$250$, $i = 0,004$, $n = 12$

$F = R[m(n+1)]i - 1]$

$F = R\{[(1+i)^{n+'} - 1]/i - 1\}$

$F = 250[(1,004^{13} - 1)/0,004 - 1] \approx$

$\approx 250[(1,05326649 - 1)/0,004 - 1]$

$= 250[0,05326649 / 0,004 - 1]$

$= 250[13,3166225 - 1]$

$= 250*12,3166225 = 3079,155625$.

O valor futuro é $F = \$3079,16$.

Exercício **P5.08**

Uma anuidade antecipada com **n** parcelas é feita com pagamentos periódicos de $100 ao mês, com juros mensais **i**. Obter o valor presente V e o valor futuro F para os casos abaixo.

A) $n = 10$, $i = 0,3\%$.

Resolução:

$R = \$100$, $n = 10$.

Valor presente:

$V = R + A$

$V = R + R[1 - (1+i)^{-n+1}]/i$

$V = 100 + 100[1 - 1,003^{-9}]/0,003 \approx$

$\approx 100 + 100[1 - 0,97340058]/0,003 \approx$

$\approx 100 + 100[0,02659942]/0,003 \approx$

$\approx 100 + 100*8,86647333 \approx$

$\approx 100 + 886,647333 = 986,647333$.

Valor futuro:

$F = R[m(n+1)'i - 1]$

$F = R\{[(1+i)^{N+1} - 1]/i - 1\}$

$F = 100[(1,003^{11} - 1)/0,003 - 1] \approx$

$\approx 100[(1,03349948 - 1)/0,003 - 1] \approx$

$\approx 100[(0,03349948)/0,003 - 1] \approx$

$\approx 100[11,16649333 - 1] \approx$

$\approx 100[10,16649333] = 1016,649333.$

O valor presente é V = $986,65.

O valor futuro é F = $1.016,65.

B) n = 8, i = 0,4%. C) n = 11, i = 0,2%. D) n = 13, i = 0,5%. E) n = 9, i = 0,6%.

Anuidades diferidas

Uma anuidade diferida é aquela cujo primeiro pagamento é feito numa data posterior ao daquela que seria o fim do primeiro período de capitalização. Um exemplo disso é o caso de alguém faz um contrato para depositar pagamentos mensais iguais a partir do fim de janeiro, até o fim de março do ano seguinte, mas só começa a depositar aquele valor quatro meses depois, isto é, no fim de maio.

Suponhamos que o valor mensal depositado pelo cidadão do exemplo é R = $160, e que os juros mensais são de i = 0,3%. Calculemos o valor presente dessa anuidade.

Temos:

R = $160, i = 0,003, n = 15 meses, n_o = 4 meses (retardo).

Desconsiderando o período de retardo, o valor presente seria:

$A = R[1 - (1+i)^{-n}]/i$

$A = 160[1 - 1,003^{-15}]/0,003 \approx$

$\approx 160[1 - 0,95606189]/0,003 =$

$= 160[0,04393811]/0,003 \approx 160*14,6460367 =$

$= 2343,365872.$

Descontaremos agora o acumulado do período de retardo.

$A' = R[1 - (1+i)^{-n_o}]/i$

$A' = 160[1 - 1,003^{-4}]/0,003 \approx$

$$\approx 160[1 - 0,9880895]/0,003 =$$
$$= 160[0,0119105[/0,003 \approx 160*3,97016667 =$$
$$= 635,2266672.$$

O valor presente será $P = A - A' =$
$$= 2343,365872 - 635,2266672 = 1708,1392048.$$

Assim, $P \approx \$1.708,14$.

Para calcular o montante, não há nenhum segredo, pois o rendimento de juros ocorrerá depois daqueles meses de atraso. No exemplo acima, basta tomar n' = 15 - 4. Calculemos esse montante.

Temos:

$R = \$160$, $i = 0,003$, $n' = 11$ meses.

$$M = R[(1+i)^{n'} - 1]/i$$
$$M = 160[(1+0,003)^{11} - 1]/0,003$$
$$= 160[1,003^{11} - 1]/0,003 \approx$$
$$\approx 160[1,0334995 - 1]/0,003 \approx$$
$$\approx 160[0,0334995]/0,003 =$$
$$= 160*11,1665 = 1786,64.$$

O montante será de $\$1.786,64$.

Exercício **P5.09**

Antônia fez um contrato de anuidade comprometendo-se a depositar mensalmente a quantia R, por **n** meses, sob juros mensais **i**, mas só conseguiu iniciar os depósitos três meses depois. Obter o valor presente P e o valor futuro M relativos aos dados abaixo.

A) $R = \$120$, $n = 14$ meses, $i = 0,4\%$ ao mês.

Resolução:

$n_0 = 3$ meses.

Valor presente:

$$A = R[1 - (1+i)^{-n}]/i$$
$$A = 120[1 - 1,004^{-14}]/0,004 \approx$$
$$\approx 120[1 - 0,94564476]/0,004$$

$= 120[0,05435524]/0,004$

$= 120{*}13,58881 = 1630,6572.$

$A' = R[1 - (1+i)^{-no}]/i$

$A' = 120[1 - 1,004^{-3}]/0,004 \approx$

$\approx 120[1 - 0,98809536]/0,004$

$= 120[0,01190464]/0,004 \approx$

$\approx 120{*}2,97616 = 357,1392.$

$P = A - A' = 1630,6572 - 357,1392 = 1273,518.$

O valor presente é P = \$1.273,52.

Valor futuro:

R = \$120, i = 0,004, n' = 14 – 3 meses = 11 meses.

$M = R[(1+i)^{n'} - 1]/i$

$M = 120[(1+0,004)^{11} - 1]/0,004$

$= 120[1,004^{11} - 1]/0,004 \approx$

$\approx 120[1,04489064 - 1]/0,004 =$

$= 120[0,04489064]/0,004 \approx$

$\approx 120{*}11,22266 = 1346,7192.$

O valor futuro é M = \$1.346,72.

B) R = \$200, n = 18 meses, i = 0,2% ao mês. C) R = \$110, n = 16 meses, i = 0,3% ao mês. D) R = \$220, n = 12 meses, i = 0,4% ao mês. E) R = \$300, n = 13 meses, i = 0,5% ao mês.

Perpetuidades

Chama-se *perpetuidade* qualquer anuidade com uma data de início de pagamentos, mas sem prazo de término, pressupondo-se validade indefinida.

Se entendermos, contra a natureza das entidades empresariais, que uma dada sociedade por ações nunca será fechada, por falência ou decisão soberana de seu conselho, então a posse de um lote de suas ações gera ganho de dividendos de modo interminável, constituindo-se numa perpetuidade. Outro caso é o direito a uma pensão vitalícia que passe de pai para filho de geração em geração. Em casos de perpetuidade não é possível obter o valor de um montante final, que simplesmente não existe.

O valor R, pagamento periódico, é é o rendimento em juros, A*i, que o valor atual A propicia no período em questão.

R = A*i

Por exemplo, para achar o valor atual de uma ação que ao fim de cada ano rende ao portador a quantia R = \$1,50, mediante juros anuais de 4%, fazemos:

R = A*i
1,50 = A*0,04
A = 1,50/0,004 = 375.
O valor da ação é \$375.

Exercício **P5.10**
Rômulo comprou um lote de ações que lhe rende anualmente o valor R, com juros anuais **i**. Obter o valor atual do lote nos casos dados.

A) R = \$12,60, i = 5%.
Resolução:
R = A*i
12,60 = A*0,05
A = 12,60/0,05 = 252.
O valor atual do lote é A = \$252,00.

B) R = \$10,00, i = 6%. C) R = \$15,50, i = 4%. D) R = = \$20,00, i = 7%. E) R = \$9,40, i = 3%.

Custo capitalizado

Se um determinado bem de custo inicial B sofre depreciação num dado período e precisa de reposições, numa perpetuidade de valor presente A, o *custo capitalizado* desse bem é o valor

C = B + A

Tomemos o caso de uma máquina de custo inicial \$23.000, que deve ser substituída depois de 10 anos, quando terá um valor salvado de \$3000. Sendo \$23.000 o custo das reposições, a uma taxa anual de juros r = 5%, calculemos o custo capitalizado da máquina.

O pagamento periódico no fundo de reposições é R = B–S=
= 23000 – 3000 = 20.000.

Como R = A*i, podemos escrever A = R/i.

Temos de obter a taxa de juros **i**, de todo o período de 10 anos da depreciação.

Fazemos:

$(1+i)^1 = (1+r)^{10}$

$1+i = 1{,}05^{10}$

$i = -1 + 1{,}05^{10} \approx -1 + 1{,}6288946 = 0{,}6288946.$

Assim:

C = B + A (ou C = B + R/i)

C = 23000 + 20000/0,6288946

$\quad$ = 23000 + 31801,8313403 = 54801,8313403.

O custo capitalizado será C =\$54.801,83.

Exercício **P5.11**

Um industrial compra máquinas de custo inicial B, que funcionam por n anos, caindo para um valor residual S. Sendo B o custo das reposições, que tem taxa anual de juros **r**, descobrir o custo capitalizado de cada máquina nas situações abaixo.

A) B = \$40.000, S = \$5.000, n = 8 anos, r = 4%.

Temos:

R = 40000 – 5000 = 35000.

$(1+i)^1 = (1+r)^8$

$1+i = 1{,}04^8$

$i = -1 + 1{,}36856905 = 0{,}36856905.$

C = B + A, isto é, C = B + R/i

C = 40000 + 35000/0,36856905

C = 40000 + 94961,85

C = \$134.964,85.

B) B = \$30.000, S = \$4.000, n = 9 anos, r = 3%. C) B = = \$60.000, S = \$2.000, n = 10 anos, r = 5%. D) B = \$100.000, S = \$8.000, n = 12 anos, r = 4%. E) B = \$90.000, S = \$8.000, n = 11 anos, r = 4,5%.

Exercícios suplementares

S5.01
Uma máquina de valor presente A = \$11.000 é comprada através de uma dívida a ser paga com 20 pagamentos periódicos iguais, a juros de 0,4% ao mês. Determinar o valor dos pagamentos periódicos.

S5.02
Uma geladeira de valor presente A = \$2.500 foi comprada sob contrato de pagamentos iguais durante seis meses, a juros de 0,5% ao mês. Obter o valor da prestação e construir a Tabela Price.

S5.03
Um pequeno empresário comprou um esmeril cujo montante era \$7.000, por pagamentos iguais previstos ao longo de cinco meses, a juros de 0,45% ao mês. Determinar o valor do pagamento mensal e construir a tabela do fundo de amortização, que paga juros de taxa j = 0,4% ao mês.

S5.04 (v. ex P5.05)
Honório comprou uma máquina pagando valor de custo C = \$9.000, prevendo durabilidade de cinco anos, com valor residual S = \$1.000 para a sucata. Pelo método da taxa contante, obter a taxa de juros i e montar a tabela de depreciação.

S5.05   (v. ex P5.06)

Um industrial comprou uma máquina com valor de custo $C = \$20.000$, a ser desativada em seis anos, com valor residual $S = \$3.000$. Ao mesmo tempo foi criado um fundo de depreciação, com juros anuais $i = 4\%$. Determinar o valor do pagamento periódico e montar a tabela do fundo de depreciação.

S5.06

Catarina contratou uma anuidade antecipada de oito parcelas, para pagamentos periódicos de $140 ao mês, a juros mensais de 0,4%. Calcular o valor presente e o valor futuro dessa anuidade.

S5.07

Marina faz pagamentos mensais antecipados de $250 por 14 meses, a juros mensais de 0,3%. Jonas, seu marido, quer fazer pagamentos mensais pelo mesmo prazo, sob a mesma taxa de juros, mas de forma postecipada. Descobrir o valor do pagamento mensal de Jonas para que o montante de ambos seja o mesmo.

S5.08

Um cidadão fez um contrato de anuidade prevendo depositar a quantia mensal de $200, por 15 meses, a juros de 0,25% ao mês. O primeiro depósito, porém, ele só conseguiu realizar depois de quatro meses. Obter o valor presente e o valor futuro dessa anuidade diferida.

S5.09

Um investidor possui uma ação de uma companhia que lhe traz um ganho anual de $11,50, com juros de $i = 3\%$. Descobrir o valor atual da ação.

S5.10

João utiliza em sua fábrica uma máquina de custo inicial B = \$25.000, que é desativada ao fim de 10 anos, quando retém um valor residual de apenas \$2.500. O custo das reposições é também \$25.000, a uma taxa de juros r = 3%. Determinar o custo capitalizado da máquina.

Capítulo 6 – Obrigações

Uma *obrigação* é um contrato que assinamos com o compromisso de fazer pagamentos periódicos, a uma dada taxa de juros, até uma data futura determinada, chamada *data de resgate*.

Uma obrigação (*bond*, em inglês) assinada junto ao governo costuma chamar-se *título*, ou *apólice*, enquanto que uma obrigação frente a empresa privada normalmente tem a forma de *debênture*.

Na data de resgate uma obrigação tem um *valor nominal*, ou valor de face, e um *valor de resgate*. Quando esses dois valores coincidem, dizemos que a obrigação é *resgatável ao par*, ou *resgatável a 100*, significando isso que o valor de resgate é 100% do valor nominal (costuma-se aí omitir o símbolo de "%"). Se, por exemplo, o valor nominal é \$1000 e o valor de resgate é \$1200, dizemos que a obrigação é resgatável a 120, isto é, a 120% do valor nominal, que no caso leva a 1,20*1000.

O preço de compra P de uma obrigação na data de resgate, sendo F o valor nominal (de face), V o valor de resgate, **r** a taxa de juros da obrigação, **i** a taxa de juros do investidor e **n** o número de períodos, é dado pela fórmula:

$$P = V*(1+i)^{-n} + Fr*an_{\overline{\underline{\ }}}i$$

A fórmula, com duas parcelas, traz a soma do valor presente do valor de resgate e do valor presente dos pagamentos periódicos.

É fácil demonstrar a equivalência entre a fórmula acima e outra mais simples, de uso mais frequente, dada por:

$$P = V + (Fr - Vi)an_{\overline{\underline{\ }}}i$$

Por exemplo, seja uma obrigação de valor nominal \$5000, a juros de 3% a.a., resgatável a 102, dentro de quatro anos, a juros do investidor de 5%, compostos semestralmente. Qual será seu valor de compra na data de resgate?

Temos:

F = \$5000, V = \$5000*1,02 = 5100, r = 3%/2 = 1,5%, i = 5%/2 = 2,5%, n = 8 semestres.

P = V + (Fr − Vi)an⚏i

P = V + (Fr − Vi)[1 − (1+i)$^{-n}$]/i

P = 5100 + (5000*0,015 − 5100*0,025)[1 − 1,025^{-8}]/0,025

P ≈ 5100 + (75 − 127,50)[1 − 0,82074657]/0,025 ≈

≈ 5100 − 52,50*0,17925343/0,025 ≈

≈ 5100 − 52,50*7,1701372 ≈

≈ 5100 − 376,432203 = 4723,567797.

O valor de compra é P = \$4.723,57.

Um modo de entender claramente o funcionamento de uma obrigação é preparar uma tabela de investimento, na qual explicitamos a evolução do valor contábil, que se inicia pelo valor de compra e termina no valor de resgate.

Por exemplo, tomemos uma obrigação de valor nominal F = \$1.000, a juros de 6% a.a, resgatável a 102, dentro de seis semestres, a juros do investidor de 5%, compostos semestralmente.

Temos:

F = 1000, V = 1000*1,02 = 1020, n = 6 semestres, r = 3%, i = 2,5%.

P = V + (Fr − Vi)[1 − (1+i)$^{-n}$]/i

P = 1020 + (1000*0,03 − 1020*0,025[1 − 1,025^{-6}]/0,025 ≈

≈ 1020 + (30 − 25,50)[1 − 0,86229687]/0,025 ≈

≈ 1020 + 4,50[0,13770313]/0,025 ≈

≈ 1020 + 4,50*5,5081252 ≈

≈ 1020 + 24,7865634 = 1044,7865634.

O valor de compra é P = \$1.044,79.

Tabela de investimento da obrigação

Período	Valor contábil	Juro sobre valor contábil	Juro da obrigação	Variação no valor contábil
	(a=a'-d')	(b=a*i)	(c=F*r)	(d=c-b)
1	1044,79	26,12	30	3,88
2	1040,91	25,02	30	3,98
3	1036,93	25,92	30	4,08
4	1032,85	25,82	30	4,18
5	1028,67	25,72	30	4,28
6	1024,39	25,61	30	4,39
7	1020			

Agora vamos supor que nos mesmos 6 semestres temos uma obrigação de \$1.000, a 5%, resgatável a 104, com juros do investidor de 6%, compostos semestralmente. Façamos a tabela de investimento.

Temos:

$F = 1000$, $V = 1000*1,04 = 1040$, $n = 6$ semestres, $r = 2,5\%$, $i = 3\%$.

$P = V + (Fr - Vi)[1 - (1+i)^{-n}]/i$

$P = 1040 + (1000*0,025 - 1040*0,03[1 - 1,03^{-6}]/0,03 \approx$

$\approx 1040 + (25 - 31,20)[1 - 0,8374843]/0,03 \approx$

$\approx 1040 - 6,20[0,1625157]/0,03 \approx$

$\approx 1040 - 6,20*5,41719 \approx$

$\approx 1040 - 33,586578 \approx 1006,41.$

O valor de compra é $P = \$1.006,41$.

Tabela de investimento da obrigação

Período	Valor contábil	Juro sobre valor contábil	Juro da obrigação	Variação no valor contábil
	(a=a'-d')	(b=a*i)	(c=F*r)	(d=c-b)
1	1006,41	30,19	25	-5,19
2	1011,59	30,35	25	-5,35
3	1016,94	30,51	25	-5,51
4	1022,45	30,67	25	-5,67
5	1028,12	30,84	25	-5,84
6	1033,96	31,02	25	-6,02
7	1039,98			

(A diferença de 2 centavos ocorreu por causa dos arredondamentos.)

Exercício P6.01

Uma obrigação de valor nominal \$10.000, a juros anuais **r** de 4% a.a., é resgatável a 103, dentro de **n** semestres, a juros anuais **i** do investidor, compostos semestralmente. Obter o preço de compra, nos casos abaixo.

A) n = 18 semestres, i = 5% a.a.

Resolução:

Temos:

r = 4%/2 = 2%, i = 5%/2 = 2,5%, F = \$10.000,

V = \$10.000*1,03 = \$10.300, n = 18.

$P = V + (Fr - Vi)[1 - (1+i)^{-n}]/i$

$P = 10300 + (10000*0,02 - 10300*0,025)[1 - 1,025^{-18}]/0,025 \approx$

$\approx 10300 + (200 - 257,50)[1 - 0,6411659]/0,025 =$

$$= 10300 - 75{,}50[0{,}3588341]/0{,}025 =$$
$$= 10300 - 75{,}50 * 14{,}353364 =$$
$$= 10300 - 1083{,}678982 = 9216{,}321018.$$

O valor de compra é P = $9.216,32.

B) n = 21 semestres, i = 4,4% a.a. C) n = 14 semestres, i = 2% a.a. D) n = 20 semestres, i = 3% a.a. E) n = 24 semestres, i = 4% a.a.

Exercício **P6.02**

Uma obrigação de valor nominal F, a juros anuais r de 5% a.a., é resgatável a 104, dentro de **n** anos, a juros anuais **i** do investidor. Obter o valor nominal e o valor de resgate a partir de seu valor de compra P, nos casos abaixo.

A) P = $10.600, n = 10 anos, i = 4% a.a.

Resolução:

Temos:

r = 6%, i = 4%, V = F*1,04, n = 10, P = $10.600.

$P = V + (Fr - Vi)[1 - (1+i)^{-n}]/i$

$10600 = F*1{,}04 + (F*0{,}05 - F*1{,}04*0{,}04)[1 - 1{,}04^{-10}]/0{,}04$

$10600 \approx F*1{,}04 + F(0{,}05 - 0{,}0416)[1 - 0{,}67556417]/0{,}04$

$10600 = F*1{,}04 + F(0{,}0084)[0{,}32443583]/0{,}04$

$10600 = F*1{,}04 + F(0{,}0084)*8{,}11089575$

$10600 = F*1{,}04 + F*0{,}0681315243$

$10600 \approx F*1{,}1081315$

$F \approx 10600/1{,}1081315$

$F \approx 9565{,}65172996$

$V = F*1{,}04 = 1{,}04*9565{,}65172996 \approx 9948{,}27779916$

O valor de face é F = $9.565,65.

O valor de resgate é V = $9.948,28.

B) P = $10.000, n = 12 anos, i = 3,5% a.a. C) P = $12.000, n = 10 anos, i = 3% a.a. D) P = $11.200, n = 14 anos, i = 5% a.a. E) P = $13.400, n = 11 anos, i = 2% a.a.

Obrigação-anuidade

Uma *obrigação-anuidade* é uma obrigação cujo valor atual, à uma dada taxa de juros, coincide com o valor nominal F.

Tomemos o caso de uma obrigação-anuidade de 12 anos com valor nominal F = \$18.000 e juros de 5% compostos semestralmente, sendo o primeiro pagamento feito ao fim do primeiro período semestral. Qual será o preço de compra P após 17 semestres para se ter um rendimento de juros de 4%?

Como são 24 semestres, o comprador da obrigação terá ainda n' = 24 − 17 anos de pagamentos.

Temos:

F = \$18.000, r = 0,05/2, n = 24, n' = 7, i = 0,04/2.

F = R*an⌉r, ou F = R[1 − $(1+r)^{-n}$]/r.

R = F*r/[1 − $(1+r)^{-n}$]

R = 18000*0,025/[1 − $1,025^{-24}$] ≈

 ≈ 18000*0,025/[1 − 0,55287535] =

 = 18000*0,025/[0,44712465] ≈

 ≈ 18000*0,05591282 = 1006,43076.

O pagamento periódico é R = \$1.006,43.

P = Ran'⌉i

P = R[1 − $(1+i)^{-n'}$]/i

P = 1006,43[1 − $1,02^{-7}$]/0,02 ≈

 ≈ 1006,43[1 − 0,87056018]/0,02 =

 = 1006,43[0,12943982]/0,02 ≈

 ≈ 1006,43*6,471991 = 6513,60590213.

O preço de compra após 17 semestres para render 4% a.a. é P = \$6.513,61.

Exercício P6.03

Uma obrigação-anuidade de **n** anos, com valor nominal \$50.000 e primeiro pagamento ao fim do primeiro trimestre, a juros $r = 6\%$ compostos trimestralmente, é vendida ao fim de **n**o anos para render juros **i**, compostos trimestralmente. Descobrir o valor de compra.

A) $r = 6\%$ ao ano, $n = 8$ anos, $n_o = 2,5$ anos, $i = 4\%$ ao ano.

Resolução:

$F = \$50.000$, $r = 0,06/4 = 0,015$, $n = 32$ trimestres, $n' = 32 - 10$ trimestres, $i = 0,04/4 = 0,01$.

$R = F{*}r/[1 - (1+r)^{-n}]$

$R = 50000{*}0,015/[1 - 1,015^{-32}] \approx$

$\approx 50000{*}0,015/[1 - 0,62099292] =$

$= 50000{*}0,015/[0,37900708] \approx$

$\approx 50000{*}0,039577097 = 1978,85485$.

O pagamento periódico é $R = \$1.978,85$.

$P = R[1 - (1+i)^{-n'}]/i$

$P = 1978,85[1 - 1,01^{-32}]/0,01 \approx$

$\approx 1978,85[1 - 0,80339621]/0,01 =$

$= 1978,85[0,19660379]/0,01 \approx$

$\approx 1978,85{*}19,660379 \approx 38904,94098$.

O preço de compra nas condições dadas é $P = \$38.904,94$.

B) $r = 8\%$ ao ano, $n = 10$ anos, $n_o = 3$ anos, $i = 6\%$ ao ano. C) $r = 6\%$ ao ano, $n = 12$ anos, $n_o = 4$ anos, $i = 4,8\%$ ao ano. D) $r = 6\%$ ao ano, $n = 11$ anos, $n_o = 3,5$ anos, $i = 3,2\%$ ao ano. E) $r = 8\%$ ao ano, $n = 7,5$ anos, $n_o = 4$ anos, $i = 6\%$ ao ano.

Exercícios suplementares

S6.01

Uma obrigação tem valor nominal $F = \$4.000$, resgatável ao par em 12 anos, com pagamento de juros de 6% compostos semestralmente. Determinar o valor de compra P para que ela renda juros de 5% compostos semestralmente.

S6.02

Para uma obrigação de valor nominal $F = \$8.000$,

resgatável a 106 em 9 anos, com pagamento de juros de 6% compostos semestralmente, obter o valor de compra para que ela produza juros de 4% compostos semestralmente.

S6.03

Uma obrigação de valor nominal $F = \$5.000$, resgatável a 108 em 14 anos, com juros de 5,5% ao ano, deve ser vendida para produzir juros de 6% ao ano. Determinar o valor de compra.

S6.04

Uma obrigação de valor de face $F = \$8.200$, resgatável ao par em 18 semestres, com juros de 7% ao ano compostos semestralmente, é vendida para produzir juros de 6%, compostos semestralmente. Determinar o preço de compra.

S6.05

Uma obrigação-anuidade de valor de face $\$20.000$, a 18 anos e juros de 5% ao ano é comprada ao fim de 12 anos para render 4% de juros. Achar o valor de compra.

S6.06

Uma obrigação-anuidade de 10 anos, com valor nominal $\$28.000$ e primeiro pagamento ao fim do primeiro semestre, a juros de 5% compostos semestralmente, é vendida depois de 6 anos de modo a produzir juros de 3%, compostos semestralmente. Obter o valor de compra P nestas condições.

APÊNDICE

A) Anuidades no Excel

I. Fórmula do pagamento periódico

=PGTO(taxa; nper; vp; vf; tipo)

Os significados são:
taxa: taxa de juros aplicada à anuidade;
nper: número total de pagamentos (períodos) da anuidade;
vp: valor presente da anuidade, ou principal;
vf: valor futuro, ou montante que se quer alcançar;
tipo: tempo do pagamento.
Observações: (a) se a anuidade é de 16 anos, por exemplo, e a taxa de juros é de 4%, compostos semestralmente, então toma-se *nper* como 32 (=2*16) e *taxa* como 2% (=4%/2); (b) o valor de *vp* – ou o de vf, alternativamente - é introduzido com multiplicação por -1; (c) se vf não é preenchido, entende-se que vale 0 (zero), por exemplo, como valor final de uma fase de descontos; (d) o tipo é 0 (zero) - ou omitido - para postecipado, e 1 para antecipado; (e) para Excel em inglês, a fórmula é =PMT(rate,nper,pv,fv,type), com argumentos separados por vírgula; (f) toda fórmula de função no Excel inicia-se na célula com o símbolo de igualdade.

Exemplo: para um valor presente de $20.000, com taxa de juros de 2% ao ano, prazo de 16 anos e pagamentos postecipados, vamos obter o valor do pagamento.

=PGTO(2%;16;-20000; ;0)

Após apertar a tecla Enter, teremos como resultado o pagamento R = $1.473,00.

Obviamente, no primeiro argumento, poderíamos ter escrito 0,02 em lugar de 2%.

Poderíamos também ter armazenado esses três dados em células, para chamá-los depois em outra célula em que a função fosse digitada. Por exemplo, podemos escrever 2%, 16, -20000 e 0, nas células A2, A3, A4 e A5, respectivamente. Daí, na célula B6 escrevemos

=PGTO(A2;A3;A4; ;A5)

O resultado será exatamente o mesmo obtido antes.

Sugestão: modifique alguns dos números do exemplo, para ver novos resultados.

II. Fórmula do valor presente

=VP(taxa; nper; pgto; vf; tipo)

Exemplo: para obter um valor futuro (montante) de $140.000, a juros mensais de 1%, em pagamentos postecipados, durante 24 meses, escreveremos:

=VP(1%;24; ;-140000)

O resultado será A = $110.259,26.

Como o valor do pagamento R não foi fornecido, o espaço de "pgto" teve de ficar em branco (antes de -140000). Também o tipo, que foi 0 (postecipado), foi omitido, e como seria o último argumento, não tivemos de explicitar seu espaço na aplicação da fórmula.

III. Fórmula do valor futuro

=VF(taxa; nper; pgto; vp; tipo)

Exemplo: para saber quanto teremos de montante (VF) após 24 meses a juros mensais de 1%, com pagamentos postecipados, sabendo que nosso investimento totaliza um valor atual (VP) de $100.000, faremos:

=VF(1%;24; ;-100000)

O resultado será M = $126.973,46.

IV. Fórmula da taxa

=TAXA(nper; pgto; vp; vf; tipo; estimativa)

O argumento "estimativa" é o valor aproximado que o usuário espera ter como taxa. Quando o valor é omitido, o Excel considera 10% como padrão. Na imensa maioria dos casos, a informação não precisa ser preenchida.

Exemplo: achamos a taxa de juros ao mês para um investimento de valor presente $120.000 e valor futuro $150.000, em pagamentos postecipados feitos durante 12 meses, fazendo:

=TAXA(12; ;-120000;150000;0)

O valor obtido para a taxa será i = 1%. O estudante não pode esquecer o espaço em branco no lugar do argumento "pgto", que não foi fornecido e não é necessário neste exemplo específico.

V. Fórmula do número de períodos

=NPER(taxa; pgto; vp; vf; tipo)

Exemplo: para um investimento de $15.000, que espera como resultado um montante de $20.158,75, a uma taxa de 3%, em pagamentos postecipados, preencheremos assim a fórmula:

=NPER(3%;   ;-15000;20158,75;0)

O resultado será n = 10.

VI. Fórmula do rendimento dos juros

=IPGTO(taxa; período; nper; vp; vf; tipo)

Aqui, temos de informar a posição do período, antes de dar o número de períodos. Por exemplo, o mês quinto dentro de um período de 14 meses.

Exemplo: para saber o rendimento em juros do oitavo mês, a 3% mensais, numa série de pagamentos de 10 meses, postecipados, com valor presente $15.000 e montante $20.156,75, faremos:

=IPGTO(3%;8;10;-15000;20158,75;0)

O resultado será j = $553,44.

VII. Fórmula do valor presente líquido

=VPL(taxa; valor1; valor2;...)

Diversas outras fórmulas de Matemática Financeira além dessas de anuidade são oferecidas pelo Excel. Delas, uma importante é a do valor presente líquido.

Exemplo: para saber o valor presente líquido em um investimento de $20.000, a uma taxa de juros de 3%, com resgates de $10.000 e $12.000, faremos:

=VPL(3%;-20000;10000:12000)

O resultado será P = $990,18 (v. exercício P2.20).

VIII. Fórmula da taxa interna de retorno

=TIR(valores; estimativa)

Exemplo: para um investimento de $100.000, com resgates previstos de $30.000, $30.000 e $50.000, dispostos nas células B11 (como -100.000), B12, B13 e B14, obteremos a TIR digitando em qualquer outra célula:

=TIR(B11:B14)

O resultado será r = 4%. O significado do argumento "estimativa" é o mesmo já mostrado para a função taxa, e tem preenchimento opcional.

IX. Fórmula da taxa interna de retorno modificada

=MTIR(valores; taxa_financ; taxa_reinvest)

A MTIR, ou TIR Modificada, calcula a taxa de retorno levando em conta a taxa de reinvestimento dos ativos no mercado.

Exemplo: para um fluxo de caixa com custo inicial de $40.000 e retornos de $11.000, $15.000 e $12.000, digitados nas células B8, B9, B10 e B11, com taxa financeira de 3% e taxa de reinvestimento de 8%, faremos:

=MTIR(B8:B11;3%;8%)

O resultado será 0,85%.

X. Fórmula da depreciação (taxa constante)

=BD(custo; recuperação; vida_útil; período; mês)

Exemplo: para obter a carga de depreciação após o quarto ano de uma máquina de custo $8.000, valor residual $1.000 e vida útil de seis anos, faremos:

=BD(8000;1000;6;4)

O resultado será b = $828,36. Há uma pequena diferença nos centavos em relação ao que foi calculado no exercício P5.05, quando obtivemos b = $828,43 (linha 4), mas essas variações são esperadas, por causa dos arredondamentos.

Outras fórmulas de depreciação, utilizando outros métodos que não o da taxa constante, junto a mais algumas outras fórmulas de Matemática Financeira, fazem parte do rol de recursos do Excel. Para conhecê-las, o estudante pode clicar em alguma célula vazia da planilha e no cabeçalho do programa clicar em **fx**, ao lado do símbolo de somatório (ou clicar o menu Inserir e, em seguida, Função). Quando a janela aparecer, basta clicar em Financeira, na coluna Categoria da Função.

B) Anuidades na HP 12C

I. Cálculo do pagamento periódico

A menos que o usuário queira utilizar o modo programa para automatizar os processos, criando uma fórmula, o caminho costumeiro no uso da calculadora HP 12C é ir armazenando os valores para obter no fim o resultado que se deseja.

Para descobrir o pagamento com os mesmos dados usados no primeiro exemplo do Excel acima, em que tínhamos um valor presente de $20.000, com taxa de juros de 2% e 16 anos de prazo, seguiremos os passos abaixo, clicando as teclas e os valores indicados.

a) **f**, REG

b) 20000, CHS, PV

c) 2, **i**

d) 16, **n**

e) **g**, END, PMT

O resultado será R = $1.473,00, como foi também obtido na fórmula do Excel. Vimos que, diferentemente do que ocorre com o Excel, ao digitar 2 para armazenar na tecla **i**, o símbolo de "%" já fica subentendido. A tecla CHS significa Trocar o Sinal (*Change Signal*). As vírgulas, nos passos a, b, c, d e e, estão aí apenas para indicar a separação entre as ações, e não são digitadas.

O estudante pode experimentar, no mesmo problema, o resultado para pagamento antecipado, em lugar do postecipado, obtido ao pressionar **g** e END antes de PMT. Para o antecipado, basta trocar **g**, END, por **g**, BEG (BEG vem de Begin), que está sob a tecla 7. O valor será um pouco menor que o do pagamento postecipado, obviamente.

Se quiser que apareça no visor apenas uma casa após o ponto decimal, o estudante pressiona **f**, depois o número 1. Para duas casas, **f**, depois o número 2, e assim por diante.

Se não tiver a calculadora física em mãos, basta procurar por "HP 12C emulator download" na janela de algum engenho de busca da internet.

II. Cálculo do valor presente

Repetindo o exemplo feito no Excel, tomemos o caso de um montante esperado de $140.000, a juros mensais de 1%, em pagamentos postecipados, durante 24 meses. Obteremos o valor presente.

a) **f**, REG

b) 140000, CHS, PV

c) 1, **i**

d) 24, **n**
d) **g**, END
e) PV

O resultado será A = $110.259,26, exatamente igual ao já encontrado acima.

III. Cálculo do valor futuro

Aqui tomamos o exemplo de uma aplicação de valor presente $65.000, com pagamentos mensais de $280, por 60 meses, a juros de 10,8% ao ano compostos mensalmente. Vejamos qual será o valor futuro.

a) **f**, REG
b) 10.8, Enter, 12, :, **i**
c) 65000, CHS, PV
d) 280, **g**, END, PMT
e) 60, **n**
f) FV

O resultado será M = $89.124,38.

IV. Cálculo do número de períodos

Utilizemos aqui o exemplo já visto acima. Para um investimento de $15.000, juros anuais de 3%, com pagamentos postecipados, e valor futuro de $20.157,75. Para obter o número de anos faremos:

a) **f**, REG
b) 3, **i**
c) 15000, CHS, PV
d) 20158.75, FV
e) **g**, END
f) **n**

O resultado será n = 10 anos.

Se o comando g-END for omitido não haverá alteração, pois o modo END é o padrão ("default") na máquina.

V. Cálculo da taxa

Neste exemplo, temos um financiamento cujo valor presente é de $75.000, pago em 60 meses, postecipados, em parcelas de $1.714,17. Para descobrir a taxa de juros da anuidade faremos o seguinte:

    a) **f**, REG
    b) 75000, CHS, PV
    c) 1714.17, PMT
    d) 60, **n**
    e) **g**, END
    f) **i**

O resultado será r = 1,1%.

VI. Cálculo do rendimento dos juros

Na HP 12C o processo que corresponde ao cálculo do rendimento dos juros de anuidade é feito com o uso da tecla AMORT, de Amortização.

Tomemos um valor presente de $20.000, a juros de 1,5% ao mês, amortizado em 14 meses, de forma postecipada. Para obter o pagamento de juros do quarto mês, faremos:

    a) **f**, REG
    b) **g**, END
    c) 20000, CHS, PV
    d) 14, **n**
    e) 1.5, **i**
    f) PMT
    g) 1, **f**, AMORT
    h) X><Y

Clicando PMT no passo f visualizamos o valor da parcela a ser paga, que é de $1.549,57. No passo g obtemos os juros da prestação número 1, enquanto que no passo h temos no visor o valor da amortização dessa prestação. Esse pagamento de juros do passo g ainda não é o valor procurado. Para obter o valor referente à prestação número 4, repetimos os processos g e h por mais três vezes. Nessa terceira repetição o passo g traz o pagamento de juros e o passo h, o valor da amortização.

O resultado será j =$240,87.

VII. Cálculo do valor presente líquido

Tomemos o caso de um depósito de $30.000, a juros mensais de 2,1%, com retiradas de $10.000, $11.000 e $11.000. Calculamos o valor presente líquido como segue:
    a) **f**, REG
    b) 30000, CHS, **g**, CFo
    c) 10000, **g**, CFj
    d) 1, **g**, Nj
    e) 11000, g, CFj
    f) 2, **g**, Nj
    g) 2.1, **i**
    h) **f**, NPV

O resultado será VPL = $681,59.

Trata-se de um fluxo de caixa. O investimento é introduzido com CHS, g e CFo. CFo, tecla azul, está sob a tecla branca PV. Em seguida introduzimos as retiradas. O valor de $10.000 vai para Cfj, tecla azul sob PMT. Como ele ocorre uma vez, digitamos em seguida 1, g, Nj. Depois introduzimos o valor $11.000, com g e CFj. Ele ocorre duas vezes, portanto, no passo seguinte fazemos 2, g, Nj. Agora introduzimos a taxa de juros, com 2.1, i. Finalmente, digitamos f, NPV. A tecla f ativa os símbolos amarelos. Então é só clicar NPV, valor presente líquido, sobre a tecla branca PV.

VIII. Cálculo da taxa interna de retorno

Podemos descobrir a taxa interna de retorno (TIR) do investimento do exemplo acima. Para isso, fazemos:
    a) **f**, REG
    b) 30000, CHS, **g**, CFo
    c) 10000, **g**, CFj
    d) 1, **g**, Nj
    e) 11000, **g**, CFj
    f) 2, **g**, Nj
    g) **f**, IRR

O resultado será 3,25%.

IX. Cálculo da MTIR

Na HP 12C o cálculo da MTIR é feito através de um passo-a-passo muito detalhado, mas engraçado. Trazemos os numerários de retorno a valor presente (VP), segundo a taxa de reinvestimento prometida e somamos esses números. Descontamos o custo inicial do investimento para saber se temos um resultado positivo e avaliar se vale a pena investir, e então levamos aquela soma de retornos a valor futuro, contando o número de períodos envolvido.

Tomemos um investimento de $15.000, que prevê retornos de $6.000, $7.000 e $5.000, ao fim do primeiro, do segundo e do terceiro ano.

Calculemos inicialmente a TIR. Fazemos: **f**, REG; 15000, CHS, **g**, CFo; 6000, **g**, CFj; 1, **g**, Nj; 7000, **g**, CFj; 1, **g**, Nj; 5000, **g**, CFj; 1, **g**, Nj; **f**, IRR. O visor trará o valor 9,99%, ou, se ajustarmos para três casas (**f**, 3), 9,985%.

Obtenhamos agora o valor da MTIR, levando em conta que a taxa de reinvestimento será i = 8%, um valor dado pelo mercado. Primeiro, traremos cada retorno a valor presente.

a) **f**, REG; 6000, CHS, FV; 1, **n**; 8, **i**; PV. Este dá 5.555,56.

b) **f**, REG; 7000, CHS, FV; 2, **n**; 8, **i**; PV. Este dá 6.001,37.

c) **f**, REG; 5000, CHS, FV; 3, **n**; 8, **i**; PV. Este dá 3.969,16.

A soma dos três valores presentes dá 15.526,16. Vale a pena fazer o contrato porque isto é maior que o valor inicial investido, de $15.000.

Levamos aquela soma a valor futuro, com aquela taxa de 8%.

a) **f**, REG

b) 15526.16; CHS; PV

c) 3, **n**

d) 8, **i**

e) FV

Teremos no visor o valor $19.558,40.

Agora basta descobrir que taxa aplicada ao valor presente de $15.000 leva ao valor futuro de $19.558,40 após três anos.

Fazemos: **f**, REG; 15000, CHS, PV; 19558.40, FV; 3, **n**; **i**.

O resultado será 9,25%, que é o valor da MTIR.

X. Cálculo da depreciação (taxa constante)

Para não entrar no modo de programação, façamos manualmente a operação do exemplo dado acima no Excel, de uma máquina de custo $8.000, vida útil de seis anos e valor residual de $1.000. Procuramos a carga de depreciação no quarto ano.

Como vimos antes, $C*(1-r)^n = S$, o que resulta em $1-r = (S/C)^{1/n}$.

Assim, $i = (S/C)^{1/n} = (1000/8000)^{1/6} = (1/8)^{1/6}$.

Na HP 12C fazemos:

1, ENTER, 8, :, Enter, 1, ENTER, 6, :, Y^X.

O resultado no visor é 0.70711 (se ajustamos a visualização para cinco casas decimais). Anotamos este valor.

A carga de depreciação no quarto ano será igual à diferença

entre o valor contábil do terceiro ano e o do quarto ano.

Fazemos:

        8000, ENTER, 0.70711, X
        ENTER, 0.70711, X
        ENTER, 0.70711, X

Nesta altura o número no visor é o valor contábil do terceiro ano, $2.828,47. Anotamos fora esse valor. Continuando:

        ENTER, 0.70711, X

Temos agora o valor contábil do quarto ano, que é $2.000,04. Fazemos:

        CHS, ENTER
        2828.47, +

O resultado no visor é a carga de depreciação no quarto ano, $929,43.

Tabela de logaritmos decimais

x	0	1	2	3	4	5	6	7	8	9
10	00000	00432	00860	01284	01703	02119	02531	02938	03342	03743
11	04139	04532	04922	05308	05690	06070	06446	06819	07188	07555
12	07918	08279	08636	08991	09342	09691	10037	10380	10721	11059
13	11394	11727	12057	12385	12710	13033	13354	13672	13988	14301
14	14613	14922	15229	15534	15836	16137	16435	16732	17026	17319
15	17609	17898	18184	18469	18752	19033	19312	19590	19866	20140
16	20412	20683	20952	21219	21484	21748	22011	22272	22531	22789
17	23045	23300	23553	23805	24055	24304	24551	24797	25042	25285
18	25527	25768	26007	26245	26482	26717	26951	27184	27416	27646
19	27875	28103	28330	28556	28780	29003	29226	29447	29667	29885
20	30103	30320	30535	30750	30963	31175	31387	31597	31806	32015
21	32222	32428	32634	32838	33041	33244	33445	33646	33846	34044
22	34242	34439	34635	34830	35025	35218	35411	35603	35793	35984
23	36173	36361	36549	36736	36922	37107	37291	37475	37658	37840
24	38021	38202	38382	38561	38739	38917	39094	39270	39445	39620
25	39794	39967	40140	40312	40483	40654	40824	40993	41162	41330
26	41497	41664	41830	41996	42160	42325	42488	42651	42813	42975
27	43136	43297	43457	43616	43775	43933	44091	44248	44404	44560
28	44716	44871	45025	45179	45332	45484	45637	45788	45939	46090
29	46240	46389	46538	46687	46835	46982	47129	47276	47422	47567
30	47712	47857	48001	48144	48287	48430	48572	48714	48855	48996
31	49136	49276	49415	49554	49693	49831	49969	50106	50243	50379
32	50515	50651	50786	50920	51055	51188	51322	51455	51587	51720
33	51851	51983	52114	52244	52375	52504	52634	52763	52892	53020
34	53148	53275	53403	53529	53656	53782	53908	54033	54158	54283
35	54407	54531	54654	54777	54900	55023	55145	55267	55388	55509
36	55630	55751	55871	55991	56110	56229	56348	56467	56585	56703
37	56820	56937	57054	57171	57287	57403	57519	57634	57749	57864
38	57978	58092	58206	58320	58433	58546	58659	58771	58883	58995
39	59106	59218	59329	59439	59550	59660	59770	59879	59988	60097
40	60206	60314	60423	60531	60638	60746	60853	60959	61066	61172
41	61278	61384	61490	61595	61700	61805	61909	62014	62118	62221
42	62325	62428	62531	62634	62737	62839	62941	63043	63144	63246

43	63347	63448	63548	63649	63749	63849	63949	64048	64147	64246
44	64345	64444	64542	64640	64738	64836	64933	65031	65128	65225
45	65321	65418	65514	65610	65706	65801	65896	65992	66087	66181
46	66276	66370	66464	66558	66652	66745	66839	66932	67025	67117
47	67210	67302	67394	67486	67578	67669	67761	67852	67943	68034
48	68124	68215	68305	68395	68485	68574	68664	68753	68842	68931
49	69020	69108	69197	69285	69373	69461	69548	69636	69723	69810
50	69897	69984	70070	70157	70243	70329	70415	70501	70586	70672
51	70757	70842	70927	71012	71096	71181	71265	71349	71433	71517
52	71600	71684	71767	71850	71933	72016	72099	72181	72263	72346
53	72428	72509	72591	72673	72754	72835	72916	72997	73078	73159
54	73239	73320	73400	73480	73560	73640	73719	73799	73878	73957
55	74036	74115	74194	74273	74351	74429	74507	74586	74663	74741
56	74819	74896	74974	75051	75128	75205	75282	75358	75435	75511
57	75587	75664	75740	75815	75891	75967	76042	76118	76193	76268
58	76343	76418	76492	76567	76641	76716	76790	76864	76938	77012
59	77085	77159	77232	77305	77379	77452	77525	77597	77670	77743
60	77815	77887	77960	78032	78104	78176	78247	78319	78390	78462
61	78533	78604	78675	78746	78817	78888	78958	79029	79099	79169
62	79239	79309	79379	79449	79518	79588	79657	79727	79796	79865
63	79934	80003	80072	80140	80209	80277	80346	80414	80482	80550
64	80618	80686	80754	80821	80889	80956	81023	81090	81158	81224
65	81291	81358	81425	81491	81558	81624	81690	81757	81823	81889
66	81954	82020	82086	82151	82217	82282	82347	82413	82478	82543
67	82607	82672	82737	82802	82866	82930	82995	83059	83123	83187
68	83251	83315	83378	83442	83506	83569	83632	83696	83759	83822
69	83885	83948	84011	84073	84136	84198	84261	84323	84386	84448
70	84510	84572	84634	84696	84757	84819	84880	84942	85003	85065
71	85126	85187	85248	85309	85370	85431	85491	85552	85612	85673
72	85733	85794	85854	85914	85974	86034	86094	86153	86213	86273
73	86332	86392	86451	86510	86570	86629	86688	86747	86806	86864
74	86923	86982	87040	87099	87157	87216	87274	87332	87390	87448
75	87506	87564	87622	87679	87737	87795	87852	87910	87967	88024
76	88081	88138	88195	88252	88309	88366	88423	88480	88536	88593
77	88649	88705	88762	88818	88874	88930	88986	89042	89098	89154
78	89209	89265	89321	89376	89432	89487	89542	89597	89653	89708
79	89763	89818	89873	89927	89982	90037	90091	90146	90200	90255

	0	1	2	3	4	5	6	7	8	9
80	90309	90363	90417	90472	90526	90580	90634	90687	90741	90795
81	90849	90902	90956	91009	91062	91116	91169	91222	91275	91328
82	91381	91434	91487	91540	91593	91645	91698	91751	91803	91855
83	91908	91960	92012	92065	92117	92169	92221	92273	92324	92376
84	92428	92480	92531	92583	92634	92686	92737	92788	92840	92891
85	92942	92993	93044	93095	93146	93197	93247	93298	93349	93399
86	93450	93500	93551	93601	93651	93702	93752	93802	93852	93902
87	93952	94002	94052	94101	94151	94201	94250	94300	94349	94399
88	94448	94498	94547	94596	94645	94694	94743	94792	94841	94890
89	94939	94988	95036	95085	95134	95182	95231	95279	95328	95376
90	95424	95472	95521	95569	95617	95665	95713	95761	95809	95856
91	95904	95952	95999	96047	96095	96142	96190	96237	96284	96332
92	96379	96426	96473	96520	96567	96614	96661	96708	96755	96802
93	96848	96895	96942	96988	97035	97081	97128	97174	97220	97267
94	97313	97359	97405	97451	97497	97543	97589	97635	97681	97727
95	97772	97818	97864	97909	97955	98000	98046	98091	98137	98182
96	98227	98272	98318	98363	98408	98453	98498	98543	98588	98632
97	98677	98722	98767	98811	98856	98900	98945	98989	99034	99078
98	99123	99167	99211	99255	99300	99344	99388	99432	99476	99520
99	99564	99607	99651	99695	99739	99782	99826	99870	99913	99957

Como usar a tabela logarítmica

A) A tabela contém dois tipos de valores, o logaritmando **x**, na primeira coluna, e as mantissas, nas outras 10 colunas. Os cinco algarismos nas mantissas formam o valor aproximado que vem depois da vírgula, i.e., depois da característica.

B) Os logaritmandos, nesta tabela, têm três algarismos, que são os dois da primeira coluna completados com o algarismo do topo de cada uma das dez colunas de mantissas. Além disso, o valor na primeira coluna tem uma vírgula subentendida após a primeira casa. Assim, para achar, por exemplo, log(1,34), vamos até a linha 13 e procuramos a coluna sob o algarismo 4, que é a quinta coluna de mantissas. Vemos lá o número 12710. Então log(1,34) = 0,12710.

C) Como a característica não aparece na tabela, escrevemos

o logaritmando na notação científica (i. e., em notação de potência de 10), para que essa característica surja como expoente. Assim, para achar, por exemplo, log(96300), fazemos log(96300) = log(9,63*10^4) = log(9,63) + log(10^4) = 0,98363 + 4 = 4,98363.

D) O procedimento é o mesmo para logaritmando positivo abaixo de 1. Por exemplo, para achar log(0,0000452), fazemos: log(0,0000452) = log(4,52*10^{-5}) = 0,65514+(-5) = -4,34486.

E) Para achar o logaritmando a partir de uma mantissa, basta seguir o caminho contrário a esse mostrado antes. Por exemplo, a mantissa 0,96237 está na linha 91, sob a coluna 7. Então o logaritmando é 9,17, isto é, log(9,17) = 0,96237.

Teste. Obter na tabela o valor de log(7290000). Veja o exemplo C acima. A resposta começa com 6 e termina com 3.

RESPOSTAS

P0.01) B) -16,   C) 10,   D) -11,   E) 5.

P0.02) B) +32, C) -15, D) +16, E) -28, F) -5.

P0.03) B) 89/60, C) 11/12, D) 131/84, E) 13/70, F) 17/20.

P0.04) B) 9/56, C) 4/15, D) 9/70, E) 1/4, F) 9/28

P0.05) B) 202, C) 92, D) 3, E) 18

P0.06)   B) $(x^2-2y)/ax$, C) $(ay+b)/xy$, D) $(a^2+bc)/ab$, E) $(a^3-b^2c)/ac$

P0.07) B) 75%, D) 30%, D) 37,5%, E) 22,5%

P0.08) B) 37,5%, C) 50%, E) 60%, E) 62,5%

P0.09) B) 1,7, C) 0,8, D) 66,7, E) 1,5

P0.10) B) 0, C) 7, D) 29, E) 3

P0.11) B) 8,3333, C) 0,8889, D) 7,1429, E) 30,2436

P0.12) B) 833,33%, C) 88,89%, D) 714,29%, E) 3024,36%

P0.13) B) 22,22%, C) 9,09%, D) 57,14%, E) 8%

P0.14) B) $15, C) $42, D) 90 cm, E) 17,6 km

P0.15) B) $168, C) $57,50, D) $288, E) $303

P0.16) B) $82,80, C) $328, D) $392, E) $73,04

P0.17) B) 212,5%, C) 50%, D) 625%, E) 50%

P0.18) B) 80%, C) 45%, D) 20,59%, E) 14,29%

P0.19) B) 5,26%, C) 25%, D) 25%, E) 166,67%

P0.20) B) 15%, C) 52,5%, D) 14,29%, E) 12,5%

P0.21) B) 2, C) 5, D) 1, E) -1

P0.22) B) 96, C) 29, D) -64, E) 31

P0.23) B) 4, 62, C) 7, 102, D) 2, 35, E) 6, 93

P0.24) B) 2, C) 3, D) 5, E) 11/4

P0.25) B) 1720, C) 960, D) 936, E) 759

P0.26) B) 3, C) 1/2, D) -1, E) 3

P0.27) B) -10240, C) 3/2048, D) 708588, E) 2048

P0.28) B) (1/2, 5/4, 25/8, 125/16), C) (2, 10, 50, 250), D) (1, 1/3, 1/9, 1/27, 1/81), E) 3, 3/2, 3/4, 3/16)

P0.29) B) 3, C) 2, D) 4, E) 3

P0.30) B) 765, C) 21845, D) 510, E) 1640

P0.31) B) -42/5, C) 15/2, D) 5/2, E) 20

S0.01) -32, S0.02) a) 37/70, b) 64/45, S0.03) a) 3/35, b) 32/45, S0.04) 76, S0.05) a) $(15b - 2a^3)/3ab$, b) $(35b^2 + 2a^2)/10ab$, S0.06) a) 60%, b) 162,5%, c) 93,75%, S0.07) a) 0,47, b) 0,92, c) 0,03, d) 0,47, S0.08) a) 66,67%, b) 55,56%, c) 242,86%, d) 34,38%, S0.09) 13,33%, S0.10) a) $75, b) 8 m, c) 67,5 kg, S0.11) a) $228, b) $143,50, c) $362,50, S0.12) a) $352, b) $660, c) $291,20, S0.13) a) 60%, b) 33,33%, c) 33,33%, s0.14) a) 50%, b) 18,6%, c) 46,67%, S0.15) 12,5%, S0.16) a) 4, b) -2, c) 0, S0.17) 80, S0.18) a) 1, b) 2, S0.19) 4980, S0.20) a) 2, b) -1, c) 1/4, S0.21) 512, S0.22) 12, S0.24) 9

P1.01) B) 550 kg, C) 92 m³, D) $94,50
P1.02) B) $96, C) $72, D) $180, E) $120
P1.03) B) $1296, C) $1272, D) $1380, E) $1320
P1.04) B) $150, C) $200, D) $790, E) $7660
P1.05) B) $225, $1225, C) $315, $2415, D) $2850, $12850, E) $144, $944
P1.06) B) $1960, C) $8550, D) $768, E) $1568
P1.07) B) 200 dias, C) 40 dias, D) 280 dias, E) 100 dias
P1.08) B) 9,36 m, C) 21,632 m, D) 94,488576 cm, E) 2,33971712 m
P1.09) B) $1.144,44, C) $1.591,41, D) $378,85, E) $10.400
P1.10) B) 6.494,59, C) 6.365,40, D) $7.293,04
P1.11) B) $364,65, C) $938,24, D) $1.061,36, E) $974,19
P1.12) B) $1.153,40, C) $1.109,47, D) $1.068,00, E) $1.176.36
P1.13) B) 22,47%, C) 41,42%, D) 11,8%, E) 93,65%

S1.01) 2,499 m, 124,97%, S1.02) $176, $376, S1.03) $330, $3.330, S1.04) $5.840, S1.05) 125 dias, S1.06) 6,1208%, S1.07) 6,1208%, 0,41616 m, S1.08) $10.927,27, S1.09) $10.528,73, S1.10) $7.549,94, S1.11) 2,5% a.m.

P2.01) B) 2, 4, 8, C) 4, 16, 64, D) 1/2, 1/4, 1/8, E) 3/2, 9/4,

27/8

P2.02) B) 1/2, 1, 2: crescente, C) 1/3, 1, 3: crescente, D) 2, 1, 1/2: decrescente, E) 3/4, 1, 4/3: crescente

P2.03) B) -8, C) 4, D) 5/2, E) 4, 5

P2.04) B) 5, C) 2, D) 3, E) -3

P2.05) B) log4, C) log77, D) log5, E) log3

P2.06) B) 2, C) 3, D) 8, E) 6

P2.07) B) log11/log5, C) log3/log2, D) log2/log7, E) log19/log3

P2.08) B) 1,54407, C) 1,17609, D) 1,80618, E) 1,32222, F) 1,90848

P2.09) B) 84510/95424, C) 84510/30103, D) 47712/69897, E) 95424/60206

P2.10) B) 0,52288, C) -0,84510, D) 1,04576, E) -0,39794, F) -1,47712

P2.11) B) -0,14509, C) 1,67394, D) -2,63827, E) 4,91908

P2.12) B) 35, C) 11 (teto para 10,36), D) 23, E) 24

P2.13) B) 18, C) 12 (teto para 11,27), D) 24, E) 136

P2.14) B) 6,5% (da média entre 1,06 e 1,07), C) 3%, D) 1%

P2.15) B) 11,11%, C) 9,52%, D) 16,65%, E) 9,84%

P2.16) B) 17,04%, C) 5,57%, D) 16,48%, E) 16,70%

P2.17) B) 0,1998%, C) 5,83%, D) 0,07997%, E) 9,53%

P2.18) B) $1.100,01, C) $1.777,99, D) $1.600,19, E) $1.070,00

P2.19) B) $1.771,73, C) $1.879,84, D) $1.472,32, E) $2.235,43

P2.20) B) $3.443,30 igual, C) $3.471,58 maior, D) $4.329,34 maior, E) $3.386,75 menor

S2.01) 1/5, 1/25, 1/625, S2.02) $20.000, 3%, S2.03) x=2, S2.04) a) 6, b) 4, c) -1, 2.05) a) log12, b) log3, c) log4, S2.06) a) 5, b) 2, c) 2, S2.07) a) log7/log5, b) log3/log11, c) log12/log13, d) log2/log3, S2.08) a) 0,77815, b) 1,07918, c) 1,65321, d) 1,38021, S2.09) a) 84510/47712, b) 84510/69897, c) 69897/30103, d) 47712/104139, S2.10) a) -0,52288, b) 0,14613. c) 0,22185, d) -0,10914, S2.11) a) -2,44855, b) 4,93146, c) -1,82681, d) 6,97405, S2.12) 8 (teto para 7,3), S2.13) 7 (teto para 6,7), S2.14) 3,7%, S2.15) 1,85%, S2.16)

12,32%, S2.17) 1,98%, S2.18) $5.089,39, S2.19) $172,34, S2.20) A: $50,30, B: $254,60, vantagem no banco B

P3.01) B) $567,73, C) $676,72, D) $504,65, E) $747,55
P3.02) B) $556,60, C) $670,02, D) $494,75, E) $736,50
P3.03) B) $1.268,25, C) $1.480,27, D) $1.850,33, E) $2.536,50
P3.04) B) $1.125,51, C) $1.394,27, D) $1.742,84, E) $2.251,02
P3.05) B) A = $879,06, M = $7.029,96, C) A = $1.796,62, M = $2.023,88, D) A = $2.295,50, M = $2.485,70, E) A = $1.197,75, M = $1.349,25
P3.06) B) $1.214,25, C) $933,89, D) $1.664,84, E) $1.042,84

S3.01) $2.123,65, S3.02) M = $4.291,48, A = $3.662,74, S3.03) $2.744,44, S3.04) $2.673,87, S3.05) $1.789,35, S3.06) $870,29

P4.01) B) $100, C) $80, D) $120, E) $200
P4.02) B) $100, C) $180, D) $300, E) $140
P4.03) B) 0,0973, C) 0,0886, D) 0,0961, E) 0,1027
P4.04) B) 15 meses, C) 11 meses, D) 16 meses, E) 17 meses
P4.05) B) 15 meses, C) 13 meses, D) 16 meses, E) 12 meses
P4.06) B) $1.226,76, C) $1.846,64, D) $1.674,06, E) $2.097,91

S4.01) $79,75, S4.02) $130, S4.03) $295,82 (A = $566,04), S4.04) 20 meses, S4.05) **i** entre (1/4)% e (1/3)%, **j** entre 3% e 4%.

P5.01) B) $805,26, C) $931,06, D) $3.464,76, E) $922,82
P5.02) (Mostrando o último período)

Período	(a=a'-d')	(b=a*i)	(c=R)	(d=c-b)
B) 5	1609,59	4,83	1614,43	1609,60
C) 5	2027,97	14,20	2042,20	2028,00
D) 5	1219,21	9,75	1228,95	1219,20
E) 5	1003,99	2,01	1006,01	1004,00

P5.03) B) s = $4.814,38, e = $3.185,62, C) s = $6.041,82, e = $3.958,18, D) s = $3.628,64, e = $2.371,36,

E) s = $3.006,97, e = $1.993,03

P5.04) (Mostrando o último período)

Período   a=d'*i   b=R   c=a+b   d=d'+c

B) 6   33,27   1650,08 1683,35 10000,02

    Total: 99,54   9900,48   10000,02, M*j+R = 1675,08

C) 6   16,63   825,04 841,67   5000,00

    Total: 49,76   4950,24   5000,01, M*j+R = 847,54

D) 6   19,96   990,05 1010,01 6000,03

    Total: 59,73   5940,30   6000,03. M*j+R = 1008,05

E) 6   31,60   1567,57 1599,17 9500,08

    Total: 94,56   9405,42   9499,98, M*j+R = 1586,57

P5.05) (Mostrando o último período)

n[a=C(1-i)^n]   (b = a'-a)   (c = c'+b)

B) 6806,74   320,38 5193,26

C) 61500,00   522,01   7500,00

D) 6   1100,00   514,58   9900,00

E) 62000,00   615,32   8000,00

P5.06) (Mostrando o último período)

n (a=R) (b=d'*i) (c=a+b) (d=d'+c) (e=e'-c)

B) 51690,99 139,39   1830,38   8799,98   1200,02; R = 1690,99

C) 51843,27 313,10   2156,37 9983,75 1016,25; R = 1843,27

D) 5   3074,53 253,44 3327,97 15999,98   2000,02: R = 3074,53

E) 54756,17 493,75 5249,92   24999,98   5000,02; R = 4756,17

P5.07) B) $1.239.598,35, C) $1.071.609,27, D) $1.573.485,69, E) $292.162,96

P5.08) B) V = $788,93, F = $814,54, C) V = $1.089,09, F = $1.113,29, D) V = $1.261,89, F = $1.346,42, E) V = $878,82, F = $927,44

P5.09) B) P = $3.532,50, M = $3.042,37, C) P = $1.387,89, M = $1.685,10, D) P = $1.917,87, M = $2.011,98, E) P = $2.875,78, M = $3.068,41

P5.10) B) $166,67, C) $387,50, D) $285,71, E) $313,33

P5.11) B) \$115.309,34, C) \$152.225,31, D) \$253.070,00, E) \$221.652,24

S5.01) R = \$573,69
S5.02) R = \$423,69
     (Mostrando o último período)
n   (a=a'-d')   (b=a*i) (c=R)   (d=c-b)
6   421,87 2,11 423,99   421,88
S5.03) (Mostrando o último período)
n   (a=d'*i)(b=R)   (c=a+b) (d=d'+c)
5   25,14   1387,46 1412,60 7000,16
Total: 62,766937,30 7000,16 ---; M*j+R = 1415,46
S5.04) (Mostrando o último período)
n   (a=C(1-i)^n) (b = a'-a)   (c = c'+b)
5   1000,00   551,85   8000,00
S5.05) (Mostrando o último período)
R = 256,30
n   (a=R)   (b=d'*i) (c=a+b) (d=d'+c) (e=e'-c)
6   256,30 55,53   312,03   1700,22   18299,78
               d+e = 20000,00
S5.06) V = \$1.104,51, F = \$1.140,35, S5.07) R = \$250,75,
S5.08) P = \$2.145,82, M = \$2.227,71, S5.09) A = \$383,33,
S5.10) C = \$90.422,88

P6.01) B) P = \$9.956,53, C) P = \$11.561,36, D) P = \$11.081,17, E) P = \$10.186,52
P6.02) B) F = \$11.006,20; V = \$11.446,45, C) F = \$9.996,94; V = \$1.0396,81, D) F = \$10.978,21; V = \$11.417,34, E) F = \$10.107,29; V = \$10.511,58
P6.03) B) \$12.434,01, C) \$38.837,41, D) \$41.474,84, E) \$28003,10

S6.01) \$4.357,70, S6.02) \$9.535,44, S6.03) \$4.944,55, S6.04) \$8.763,89, S6.05) \$9.639,64, S6.06) \$13.445,62

@cacildo